오늘의
일인분 일식

베터홈 협회 지음

참돌

오늘 먹을 만큼의 양만 만들어 먹자!

이 책에서는 '혼자서 먹는 1인분이라도 맛있게 만들어 먹을 수 있는 레시피'를 소개합니다. 예를 들어 만들기 어렵다고 생각할 수 있는 소고기 감자조림과 같은 일본 가정 요리를 비롯하여 양념 배합과 재료 자르는 방법, 냄비의 선택에 중점을 두고, 1인분도 손쉽게 만들 수 있는 레시피를 담았습니다.
누구나 쉽게 음식을 만들 수 있도록 손쉽게 구할 수 있는 재료와 늘 곁에 있는 조미료 및 양념을 사용했고, 전체 레시피를 '그 날 먹을 한 끼 양'으로 구성하였습니다.
일본 가정 요리가 먹고 싶을 때, 이 책이 여러분에게 든든한 길라잡이가 되면 좋겠습니다. 오늘 저녁은 맛있는 일식 한 끼 만들어 먹어보면 어떨까요?

집에서 만들면 더욱더 맛있는 한 끼 일식 밥상

맛국물로, 맛있게!

일식을 손쉽고 맛있게 만들기 위한 기본 조건은 맛국물(다시)을 미리 만들어두는 것입니다. 맛국물의 감칠맛이야말로 맛있는 1인분 일식을 만들 수 있는 비결입니다.

※ 맛국물을 사용하지 않고도 재료 본연의 맛을 살려 맛있게 먹을 수 있는 요리도 준비되어 있습니다. 이러한 요리에는 레시피에 '맛국물(또는 물)'로 함께 표기했으니 맛국물이 준비가 안 되어 있을 경우에는 물을 사용해주세요.

맛있는 맛국물 만들기

가다랑어포 맛국물 만들기

◌ 국 1인분(약 150㎖)

물 ···················· 200㎖
가다랑어포(얇게 깎은 것) ···················· 3~4g

❶ 작은 냄비에 분량의 물을 넣고 불을 켠 다음, 끓어오르면 가다랑어포를 넣는다.
❷ 물이 다시 끓어오르면 불을 끄고, 1~2분 정도 둔다.
❸ 체에 가다랑어포를 거른다.

소량의 맛국물 만들기

소량의 맛국물(2~3큰술)을 우려낼 때는 물 50㎖, 가다랑어포 1g이 기본이다. 전자레인지(500W)로 약 1분간 가열하고, 가다랑어포를 체에 걸러준다.

※ 시판용 맛국물 팩에는 염분이 함유되어 있기 때문에, 시판용을 사용할 때는 소금과 간장의 양을 줄이는 것이 좋습니다.
※ 체에 거른 가다랑어포는 냉동해서 모아두면 좋습니다. 냉동한 가다랑어포를 냄비에 넣고 불로 살짝 건조시킨 다음 참깨와 섞어 맛가루(후리가케)를 만들 수 있고, 맛국물을 우려낸 다시마는 조림(140쪽 레시피 참조)을 만드는 데에 이용할 수 있습니다.

다시마 맛국물 만들기

◌ 국 4인분(약 550㎖)

물 ···················· 600㎖
다시마 ···················· 5㎝(5g)

※ 면, 전골 등의 국물 요리와 조림의 용도로 사용할 수 있습니다.

❶ 다시마 표면의 모래나 먼지 등의 이물질을 살살 닦아준다. 하얀 부분은 감칠맛이 나는 성분이므로 제거하지 않는다.
❷ 용기에 분량의 물과 다시마를 넣고, 냉장고에서 하룻밤 우려낸다. 보존 기간은 2~3일 정도다.

작은 냄비로 시간을 단축하자

1인분을 만들 때는 냄비도 작은 것이 효율적입니다
당연한 말이지만 아주 중요한 부분이죠.
가족 사이즈(3~5인용)의 냄비는 너무 많은 양을 만들거나,
냄비의 크기에 비해 양이 너무 적어서 좀처럼 맛있게 만들기 쉽지 않습니다.
작은 냄비와 프라이팬을 사용하는 비결을 알려드릴게요.
시간을 단축시키는 것과도 연결되니까 꼭 기억해두세요.

이 책에서는 아래와 같은 냄비를 사용합니다.

작은 냄비 잘 다루기

작은 냄비

◌ 건더기와 소스의 양을 균형 있게

조림은 재료와 소스 양의 균형이 포인트입니다. 1인 분량을 만들 때 작은 냄비를 사용하면 그 균형이 유지되고, 맛있게 만들 수 있습니다.

◌ 재료는 최대한 작게

1인분은 후다닥 단시간에 만드는 것이 중요합니다. 조림 재료를 얇고, 작게 자르면 빠르게 조릴 수 있습니다.

◌ 불 조절을 잘 하면 효율적

작은 냄비를 사용할 경우 가스레인지의 불이 세면 냄비 밑에서 불길이 넘쳐나기 때문에 불필요한 에너지 낭비가 됩니다. 가능한 냄비 크기에 맞는 작은 화구에서 요리하는 것이 좋습니다.

작은 프라이팬

◌ 살짝 약한 불에서

적은 양일수록 열이 빨리 전달됩니다. 특히 구이는 평소보다 조금 약한 불에서 불 조절을 해가며 시간을 두고 서서히 가열하는 것이 핵심입니다.

◌ 생선조림에 활용

생선조림을 만들 때는 작은 프라이팬도 바닥이 평평하기 때문에 만들기 쉽습니다. (120쪽 생선조림의 비결 참조)

◌ 적은 양의 기름으로 맛있는 튀김을

닭튀김 등의 튀김요리는 1㎝ 깊이의 기름으로도 튀길 수 있습니다. 바닥 면적이 좁은 프라이팬을 이용하면 기름양도 적게 듭니다. 다만 깊이가 있는 것이 안전합니다.

용량 800㎖~1ℓ의
작은 질냄비

※ 밥을 지을 때 냄비가 끓어오르므로 어느 정도 깊이가 있는 질냄비를 추천합니다.

작은 질냄비로 즐기는 풍요로운 한 끼

소량의 밥 짓기는 작은 질냄비를 추천합니다. 밥 짓는 방법도 간단하고, 맛있는 밥은 물론 냄비 요리에도 활약 만점이죠. 질냄비에 불린 쌀을 넣고 끓여서, 그대로 식탁에 올리기만 하면 끝!
뚜껑을 열면 김이 모락모락 나는 윤기 나는 밥알을 보는 즐거움, 따끈한 밥을 입 안 가득 머금을 수 있는 만족감….
질냄비만으로도 혼자 먹는 한 끼 식사가 훨씬 풍요로워집니다.

질냄비로 요리를 더욱 즐겁게!

질냄비로 맛있는 밥 짓기

◌ 밥 2공기 분량

쌀 ········ 1컵(180㎖·150g)

물 ········ 200~215㎖

① 쌀 씻기

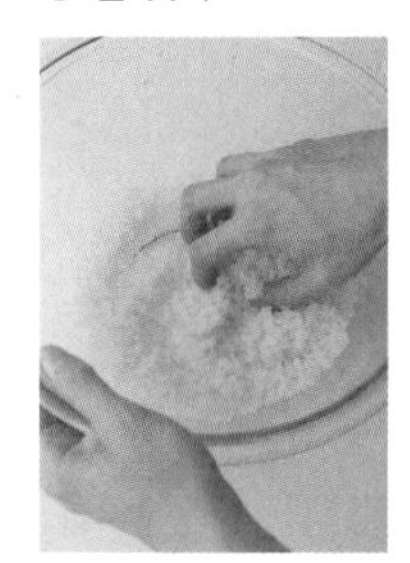

❶ 그릇에 쌀과 물을 넣고, 한번 고루 휘저은 후 바로 버린다.
❷ 다시 물을 붓고, 손바닥으로 가볍게 쓱쓱 10회 정도 씻는다.
❸ 3회 정도 물을 바꿔 주면서 물이 투명해지면 쌀을 체에 밭쳐 물기를 빼준다.

② 쌀 불리기

• 질냄비에 분량의 쌀을 넣고 물을 붓는다. 그대로 30분 이상 불린다.

③ 밥 짓기

❶ 질냄비를 불에 앉히고, 약한 중불에서 약 6분 정도 가열한다.
❷ 뚜껑 구멍에서 증기가 나오면 1분 정도 기다렸다가 약불로 조절하여 다시 1분 정도 둔다.
❸ 불을 끄고, 뚜껑을 덮은 채로 약 10분 정도 뜸을 들인다.

④ 고루 섞기

• 뜸 들이기가 끝나면 주걱으로 전체를 아래위로 가볍게 섞는다.

질냄비 사용시 주의사항

❶ 약한 불에서 지긋이 가열한다.

질냄비는 겉면이 젖은 채로 불을 가하거나, 바로 강한 불에 올리거나, 바로 차갑게 식히면 균열이 가 깨지기 쉬우니 주의한다. 약한 불로 서서히 시간을 들여 가열하는 것이 좋다.

❷ 요리를 넣어둔 채로 두지 않는다.

맛이나 냄새가 스며들기 때문에 만들고 남은 음식은 용기에 옮긴다. 씻은 뒤에는 충분히 건조시켜 곰팡이가 생기지 않도록 한다.

목차

고기 요리

돼지고기 미소구이 ········ 14
샤브샤브 ········ 16
튀긴 두부와 돼지고기 앙가케 ··· 18
돼지고기 맑은 전골 ········ 20
돼지고기 생강구이 ········ 22
돼지고기 무볶음 ········ 24
오키나와식 여주볶음 ········ 26
고기 단호박조림 ········ 28
돼지고기 두유전골 ········ 30
돈가스 ········ 32
돼지고기 미소국 ········ 34
닭고기 토란조림 ········ 36
치킨 데리야끼 ········ 38
유자 닭튀김 ········ 40
쫀득한 닭고기조림 ········ 42
참깨 닭 가슴살구이 ········ 44
촉촉한 구운 닭고기 ········ 46
소고기 감자조림 ········ 48
일본식 스테이크 ········ 50
야나가와풍 소고기 우엉조림 ····· 52
토마토 소고기전골 ········ 54
고기 두부조림 ········ 56
유부주머니조림 ········ 58
소보로 달걀말이 ········ 60

덮밥과 면 요리

두부 잔멸치덮밥 ········ 64
참치 마덮밥 ········ 65
가다랑어회 절임덮밥 ········ 66
닭고기 달걀덮밥 ········ 68
장어 양념구이 비빔밥 ········ 69
돼지고기 양하덮밥 ········ 70
무 소바 ········ 72
고기우동 ········ 73
카레유부우동 ········ 74
토핑 듬뿍 소면 ········ 76
매실 소면 ········ 77
영양밥 ········ 78
장아찌 볶음밥 ········ 80
달걀죽 ········ 81

칼럼

- 혼술 안주 – 맥주 편 ········ 62
❶ 어묵 매실 차조기말이
❷ 알싸한 콩볶음
❸ 유부구이
- 혼술 안주 – 일본주 편 ········ 82
❶ 꽁치 오이무침
❷ 두부 꼬치구이
❸ 와사비 냉두부
- 생선조림의 비결 ········ 120
- 혼밥 속 대활약! 냉장 보관한 채소 ········ 122

생선 요리

연어 데리야끼 ··· 84
연어 미소구이 ··· 86
연어 술찜 ··· 88
연어 간장구이 ··· 90
가자미조림 ··· 92
꽁치 매실조림 ··· 94
전자레인지 흰살생선찜 ··· 96
방어 무조림 ··· 98
방어 데리야끼 ··· 100
고등어 레몬구이 ··· 102
고등어 미소조림 ··· 104
전갱이 난반스절임 ··· 106
정어리 양념구이 ··· 108
참깨 토핑 도미회 ··· 110
두부 게살 앙가케 ··· 112
황새치 앙가케 ··· 114
대구 맑은탕 ··· 116
히로시마풍 굴전골 ··· 118

채소 반찬과 상비 재료

피망볶음 ··· 124
구운 피망무침 ··· 124
참깨 당근무침 ··· 125
겨자 당근무침 ··· 125
오이 매실무침 ··· 126
오이무침 ··· 126
전자레인지 가지찜 ··· 127
차조기 가지절임 ··· 127
팽이버섯조림 ··· 128
새콤달콤 버섯볶음 ··· 128
유자 배추절임 ··· 129
생강 우엉볶음 ··· 129
양배추절임 ··· 130
양배추 초무침 ··· 130
가다랑어포 연근볶음 ··· 131
연근 초무침 ··· 131
감자조림 ··· 132
감자 대구알볶음 ··· 132
시금치무침 ··· 133
소송채 김무침 ··· 133
달콤 단호박조림 ··· 134
파래김 단호박튀김 ··· 134
차조기 순무절임 ··· 135
순무잎볶음 ··· 135
표고버섯구이 ··· 136
가다랑어포 죽순조림 ··· 136
톳조림 ··· 137
무말랭이조림 ··· 138
콩조림 ··· 139
다시마조림 ··· 140
생강 소고기조림 ··· 141

일인분 식사를 위한 세가지 지침

❶ 소량 판매 제품을 구입한다.

소량의 재료나 조미료는 대량으로 판매되는 제품보다 가격이 조금 비싸지만, 1인분을 주로 만드는 경우에는 쓸 만큼만 구입하는 것이 오히려 절약하는 길입니다.

❷ 고기와 생선은 소분해서 냉동 보관한다.

고기와 생선을 냉동해두면 갑자기 생각났을 때도 바로 메인요리를 만들 수 있습니다. 평소의 식습관에 맞게 양을 나누어 보관해주세요.

❸ 단백질과 채소를 골고루 섭취한다.

우리 몸에 필요하고, 꼭 섭취해야 할 영양소는 개인마다 조금씩 다릅니다. 그러나 공통점이 있다면 몸을 만드는 적당량의 단백질과 몸을 재정비하는 채소를 많이 섭취해야 한다는 점입니다. 단백질은 고기, 생선, 콩 제품에 많이 함유되어 있습니다. 필요한 양을 평소에 잘 챙겨 먹으세요.

이 책의 표기에 대하여

계량의 단위(㎖=cc)
1큰술 = 15㎖
1작은술 = 5㎖

전자레인지

가열 시간은 모두 500W를 기준으로 한 시간입니다. 600W는 가열 시간을 0.8배로, 700W는 0.7배로 하여 상태를 체크하며 가열합니다.

오븐토스터

기종에 따라 가열의 정도가 다릅니다. 기종의 설명서에 따라 레시피의 가열 시간을 기준으로 가열 상태를 확인하면서 가열합니다.

프라이팬

이 책에서는 불소수지 가공 프라이팬을 사용하고 있습니다. 철제의 경우는 기름의 양을 조금 더 늘려주세요.

고기 요리

돼지고기 미소구이

豚肉のみそくわ焼き

평범한 돼지고기가
근사한 요리로 업그레이드!

◌ 재료(1인분) 310kcal ◌ 염분 2.0g ◷ 10분

돼지고기(허벅지 살, 얇게 썬 것) ·· 100g
밀가루(박력분) ········ ½큰술
피망 ········ 큰 것 1개(50g)
식용유 ········ ½큰술

Ⓐ 미소 양념
미소 ········ ½큰술
설탕 ········ 1작은술
간장 ········ 1작은술
맛술 ········ 1작은술

❶ 피망은 세로로 4등분해서 자른 뒤, 비스듬하게 반으로 자른다. 돼지고기는 길이를 반으로 잘라, 한입 크기로 돌돌 말아주고(아래 사진), 밀가루를 살살 묻혀준다.
❷ Ⓐ는 잘 섞어준다. 프라이팬을 달궈 식용유를 두른 뒤, 중불에서 고기의 양면을 골고루 익힌다.
❸ 고기가 노릇노릇하게 구워지면 피망을 넣고 볶는다. 기름기가 돌면 불을 약하게 줄이고, Ⓐ를 부어 잘 섞어준다.

얇게 썬 고기로 볼륨을 업!
고기를 덩어리로 사는 것보다 소량 구입하기가 쉬운 얇게 썬 고기는 둥글게 말아서 요리하면, 두꺼운 고기를 사용한 것과 같은 포만감을 느낄 수 있습니다.

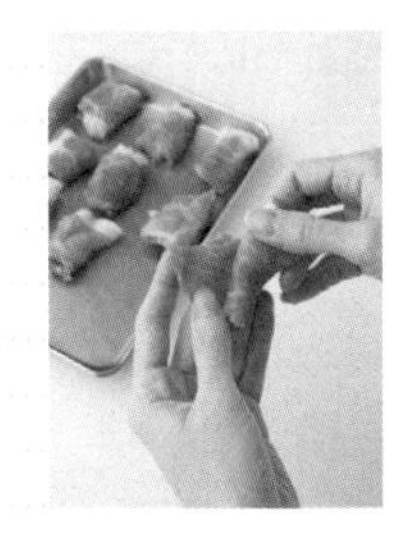

샤브샤브

温しゃぶ

몸에 좋은 채소를
듬뿍 섭취할 수 있어요!

◌ 재료(1인분) 431kcal ◌ 염분 1.7g ● 10분

돼지고기(등심, 샤브샤브용) ······ 100g
양배추 ······ 100g
당근 ······ 5㎝(30g)
물 ······ 400㎖

Ⓐ 미소 마요네즈 양념
미소 ······ ⅔큰술(10g)
마요네즈 ······ 1과 ⅔큰술(20g)
고기 데친 육수 ······ 1큰술

❶ 양배추는 한입 크기로 자르고, 당근은 얇은 직사각형 모양으로 썬다.
❷ 냄비에 물을 넣고 끓인다. 당근과 양배추는 단단한 순서대로 데쳐서 체에 밭친다. 불을 약불로 줄이고 돼지고기를 넓게 펼쳐 넣고, 고기 색이 하얗게 변하면 바로 꺼낸다.
❸ Ⓐ는 잘 섞어준다. 접시에 데친 채소와 고기를 잘 담고, Ⓐ를 뿌려서 먹는다.

※ ❷의 고기 데친 육수는 수프로 만들어 먹을 수 있다. 육수의 거품을 걷어낸 후, 파 등을 첨가하고 소금, 후추를 살짝 뿌려 먹는다.

튀긴 두부와 돼지고기 앙가케

厚揚げのひき肉あん

평범한 튀긴 두부가
훌륭한 메인 재료로 변신!

◌ 재료(1인분) 286kcal ◌ 염분 1.4g ● 15분

튀긴 두부(또는 부친 두부) ······ ½개(100g)
돼지고기(다진 것) ······ 30g
숙주 ······ 50g
생강 ······ 1조각(10g)
식용유 ······ 1작은술

Ⓐ 고기 밑간
청주 ······ ½ 작은술
간장 ······ ½ 작은술

Ⓑ 전분소스
맛국물 ······ 100㎖
전분 가루 ······ 1작은술
청주 ······ 1작은술
간장 ······ 1작은술

❶ 다진 고기는 Ⓐ를 넣고 주물러 양념이 배어들게 한다.
❷ 튀긴 두부는 1㎝ 두께로 먹기 좋은 크기로 자른다. 생강은 잘게 썰고, Ⓑ는 잘 섞는다.
❸ 강한 중불에 프라이팬을 올리고 기름을 두른 뒤, 생강과 고기를 볶는다. 고기 색이 변하면 튀긴 두부를 넣고 가볍게 볶는다. 숙주를 넣고 Ⓑ를 부으며 섞어준다. 잘 섞어가며 끓이면 끈기가 생긴다.

※ 레시피의 튀긴 두부(아츠아게)는 일본에서 많이 먹는 두부 제품으로, 국내에서는 구하기 어렵기 때문에 전분 가루를 묻혀 튀기거나 두부 부침을 해서 사용하도록 한다.
※ 앙가케는 전분소스로 만든 양념장을 얹은 요리를 말한다.

다진 고기를 냉동할 때는?
다진 고기는 쉽게 상할 수 있으므로, 냉동할 때는 청주와 간장 등으로 미리 밑간을 해서 보관하는 것이 좋습니다. 고기가 상하는 것도 방지하고, 맛도 안정되어 좋습니다. 이 요리에 사용하려면 냉장고나 전자레인지에서 반 해동시킨 후, 프라이팬에 옮겨 약불에서 잘 섞어가며 조리합니다.

돼지고기 맑은 전골

常夜鍋

매일 밤 먹어도 질리지 않아요!

◌ 재료(1인분) 431kcal ◌ 염분 2.3g ● 5분

돼지고기(삼겹살, 샤브샤브용) …… 100g
시금치 …… ½단(80g)
생강 …… 1조각(10g)

Ⓐ
청주 …… 50㎖
물 …… 300㎖

Ⓑ 샤브샤브소스
폰즈 …… 2큰술
깨(간 것) …… 1작은술

❶ 시금치는 뿌리를 제거하고, 길이를 반으로 자른다. 생강은 얇게 썬다.
❷ Ⓑ의 소스는 종지에 담는다.
❸ Ⓐ와 생강을 질냄비(아래 사진)에 넣고 중불에 올린다. 물이 끓으면 돼지고기, 시금치를 넣고 살짝 끓여 마무리한다. Ⓑ 소스를 찍어서 먹는다.

1인분 전골에 편리한 질냄비
고기와 생선, 채소를 함께 끓여 먹는 전골은 손쉬워서 1인분 요리에 적당합니다. 8쪽에 나온 것과 같은 작은 질냄비가 있으면 요리하기 아주 편리합니다.

돼지고기 생강구이

豚肉のしょうが焼き

밑간하는 시간을 생략해도
고기가 맛있어요!

◌ 재료(1인분) 330kcal ◌ 염분 1.0g ◑ 10분

돼지고기(어깨등심, 얇게 썬 것) .... 3장(100g)
양배추 .... 1장(50g)
식용유 1작은술

Ⓐ 생강 양념
생강 .... 1조각(10g)
간장 1작은술
청주 1작은술
맛술 1작은술

❶ 양배추는 1㎝ 폭으로 자르고, 접시에 넓게 담는다.
❷ 생강은 강판에 갈아서 Ⓐ에 섞는다. 돼지고기는 반으로 자른다.
❸ 프라이팬을 달군 뒤 식용유를 두르고, 고기를 넓게 펴서 넣고 조금 센 중불에서 굽는다.
❹ 고기의 양면이 노릇노릇해지면 프라이팬에 남은 여분의 기름을 키친타월로 닦고, Ⓐ를 고기에 부어준다(아래 사진).
❺ 접시의 양배추 위에 고기를 예쁘게 담는다.

준비 없이 바로 만들어 먹고 싶을 때는?
고기에 밑간할 시간이 없을 때는 사진과 같이 고기를 구운 다음에 소스를 부어 맛을 내는 방법을 추천합니다. 양념을 더하기 전에 고기에서 나온 기름을 가볍게 닦아내면 조금 더 담백하게 먹을 수 있습니다.

양배추의 식감을 즐기고 싶을 때는?
양배추를 채 썰어서 찬물에 담가두었다가 접시에 올려 먹으면 아삭한 식감을 즐길 수 있습니다.

돼지고기 무볶음

豚肉とだいこんの炒め煮

매콤하고 달콤한 맛에
새콤함까지 느낄 수 있는 요리

◌ 재료(1인분) 379kcal ◌ 염분 2.7g ● 10분

돼지고기(잘게 자른 것) ············ 100g
무 ············ 150g
무잎(생략 가능) ············ 약간
식용유 ············ ½큰술

Ⓐ 양념
설탕 ············ 1작은술
청주 ············ 1작은술
흑초(또는 식초) ············ 1과 ½큰술
간장 ············ 1큰술
물 ············ 1큰술

❶ 무는 껍질을 벗기고 3㎝ 크기, 6~7㎜ 두께로 은행잎썰기를 한다. 무잎은 쫑쫑 잘게 썬다.
❷ Ⓐ는 잘 섞는다.
❸ 프라이팬에 기름을 두르고, 무와 돼지고기를 강한 중불에서 볶는다. 고기 색이 변하면 Ⓐ를 넣고 약불로 줄이고, 소스가 없어질 때까지 볶으며 조린다(무는 아삭아삭한 식감이 살아 있는 정도).
❹ 그릇에 담고 무잎을 위에 뿌려준다.

오키나와식 여주볶음

ゴーヤチャンプルー

간단한 재료로
영양 만점 한 끼 식사!

◌ 재료(1인분) 435kcal ◌ 염분 1.7g ● 10분

여주	⅔개(150g)
삼겹살(얇게 썬 것)	80g
소금·후추	약간
달걀	1개
참기름	½ 작은술
가다랑어포	적당량

Ⓐ

청주	1작은술
간장	1작은술

❶ 여주는 솔로 구석구석 씻은 다음, 세로 방향으로 반으로 잘라서 쓴맛이 나는 씨와 속껍질을 숟가락으로 완전히 제거하고 얇게 썰어준다.

❷ 돼지고기는 3㎝ 길이로 자르고, 달걀은 깨서 노른자와 흰자를 잘 섞어준다.

❸ 프라이팬을 달궈 참기름을 두른 후, 고기를 넣고 소금과 후추를 살짝 뿌려 중불로 볶는다. 고기가 어느 정도 익으면 여주를 넣고 불을 강하게 올려 1~2분간 볶은 다음, Ⓐ를 넣어 맛을 낸다.

❹ 풀어놓은 달걀을 프라이팬 가장자리부터 원형으로 둘러가며 붓고, 재료가 엉기도록 섞는다. 그릇에 옮기고, 가다랑어포를 위에 뿌려준다.

남은 여주는?

여주볶음을 만들고 남은 여주는 얇게 썰어서 물에 살짝 데친 다음, 폰즈 소스와 가다랑어포를 뿌리면 가볍게 먹을 수 있는 반찬으로 완성됩니다.

여주 손질법은?

여주는 쓰고 떫은맛이 강한 것이 특징인데, ❶처럼 손질한 여주를 요리 전에 소금으로 조물조물해서 물에 담가 30분 정도 담가둡니다. 그러면 여주의 쓴맛은 빠지고 아삭아삭한 식감이 더 좋아집니다.

고기 단호박조림

肉かぼちゃ

소고기 감자조림만큼
맛있는 집 반찬

◌ 재료(1인분) 332kcal ◌ 염분 1.9g ● 15분

돼지고기(어깨등심, 얇게 썬 것) ········ 80g
단호박 ········ 100g
양파 ········ ¼개(50g)

Ⓐ 조림 양념
맛국물(또는 물) ········ 100㎖
설탕 ········ 1과 ½ 작은술
간장 ········ 2작은술
청주 ········ 2작은술

❶ 단호박은 3㎝ 크기로 자른다. 양파는 2㎝ 폭으로 세로 방향으로 자른다. 돼지고기는 4~5㎝ 길이로 썬다.
❷ 작은 냄비에 Ⓐ를 넣고, 단호박은 껍질이 냄비 바닥으로 향하도록 넣는다. 빈 공간에 양파를 채워 넣은 뒤 고기를 살살 풀어주듯이 넣고, 강한 불에 끓인다.
❸ 끓어오르면 거품을 걷고, 속 뚜껑을 덮고(아래 사진), 냄비 뚜껑을 살짝 비스듬하게 덮은 다음, 중불로 약 7분 정도 조린다.

속 뚜껑이 포인트!
속 뚜껑은 냄비보다 작은 크기의 뚜껑으로, 재료가 골고루 익게 도와줍니다. 또한 소량의 소스로도 재료와 잘 섞이게 도와주고, 균일하게 조려지게 하는 역할을 합니다. 나무, 스테인레스 등의 재질이 있는데, 없을 경우 알루미늄 포일을 이용하면 됩니다. 냄비의 크기에 맞춰 둥글게 접어 구멍을 몇 군데 내어 사용하세요.

돼지고기 두유전골

豆乳豚鍋

고소하고 맛있는 국물이 듬뿍!

◌ 재료(1인분) 373kcal ◌ 염분 1.8g ● 10분

돼지고기(어깨등심, 얇게 썬 것) ········· 100g
팽이버섯 ········· ½ 팩(50g)
경수채 ········· 50g

Ⓐ 맛국물
물 ········· 100㎖
다시마 ········· 2㎝(2g)

Ⓑ 전골 국물
미소 ········· 1큰술
간장 ········· ½ 작은술
무첨가 두유 ········· 200㎖

❶ 팽이버섯은 뿌리 부분을 잘라내고, 길이를 반으로 자른다. 경수채는 4㎝ 길이로 자른다. 돼지고기는 길이를 반으로 썬다.
❷ 그릇에 Ⓑ를 넣고, 미소를 잘 풀어 섞어준다.
❸ 질냄비에 Ⓐ를 넣고 약한 중불에서 천천히 가열한다. 끓어오르면 다시마를 넣은 채로 고기, 팽이버섯을 넣고 끓인다. Ⓑ를 더하여 국물이 끓지 않은 상태로 약불로 온도를 유지해주고, 경수채를 넣은 다음 불을 끈다.

돈가스

とんカツ

밑 손질이 필요 없는 안심으로
만들어 더욱 간단하게!

◌ 재료(1인분) 399kcal ◌ 염분 1.0g ◔ 20분

돼지고기(안심)* ······ 100g
소금·후추 ······ 적당량
식용유 ······ 적당량
돈가스 소스 ······ 적당량

Ⓐ 튀김옷
밀가루 ······ ½큰술
달걀(잘 풀어놓은 것) ······ ½개
빵가루** ······ 2큰술

〈곁들임 채소〉
양배추 ······ 1장(50g)
무순 ······ 10g

* 작은 크기로 잘라진 것을 구입하면 편리합니다.
**빵가루는 보존용 팩에 밀봉해서 냉동해두면 오래 쓸 수 있습니다.

❶ 양배추는 채썰기해서 무순과 섞는다.
❷ 돼지고기는 한입 크기로 썰고, 소금과 후추를 뿌린다. Ⓐ의 튀김옷을 입힌다.
❸ 깊이가 있는 프라이팬에 약 1㎝ 정도의 식용유를 넣고 가열한다. 기름 온도가 올라가면 튀김옷을 입은 돼지고기를 넣고, 중불로 조절한다. 노릇노릇 튀김 색이 나면 3~4분 더 튀긴다. 접시에 곁들임 채소와 함께 담고 소스를 뿌려준다.

남은 달걀을 이용해 국으로!
튀김옷을 만들고 남은 달걀은 버리지 말고, 국을 끓여 함께 즐겨보세요. 맛국물 100㎖, 간장, 소금을 살짝 넣고, 국물이 끓어오르면 달걀 ½개분을 넣고 파를 쫑쫑 썰어 뿌리면 1인분 달걀국이 만들어집니다.

돼지고기 미소국

豚汁

재료를 빨리 익히려면
작고 얇게 썰어주세요

◌ 재료(1인분) 273kcal ◌ 염분 2.8g ◉ 15분

돼지고기(얇게 썬 것) ········ 50g
무 ········ 50g
당근 ········ 20g(3~4㎝)
우엉 ········ 20g
파 ········ 5㎝
시치미 토가라시* ········ 약간

〈국물〉
맛국물(또는 물) ········ 300㎖
청주 ········ ½큰술
미소 ········ 1과 ¼큰술(20g)

* 시치미 토가라시는 고추를 주재료로 향신료를 배합하여 만든 조미료로 흔히 '시치미'라고 부른다. 일반 고춧가루와 다르므로 시판되고 있는 것을 사용한다.

❶ 무, 당근은 껍질을 벗겨 약 2㎝ 정도로 넓게 은행잎썰기를 한다. 우엉은 필러나 칼 등으로 껍질을 벗겨 얇게 어슷썰기해서 물에 씻은 다음 물기를 빼고, 파는 쫑쫑 원형으로 썬다.

❷ 냄비에 맛국물 300㎖, 파 이외의 채소, 돼지고기를 고루 펴서 넣고, 불을 켠다. 끓어오르면 거품을 걷어낸다. 뚜껑을 덮고, 채소가 부드러워질 때까지 약한 불에서 약 5분 더 끓인다.

❸ ❷에 청주를 넣고, 미소를 거름망을 이용해 조금씩 풀어가며 넣는다. 그릇에 옮기고 장식으로 파를 얹고, 시치미 토가라시를 뿌린다.

냉장고 안의 재료 정리에도 그만!
건더기가 많은 돼지고기 미소국 1인분 정도는 사진처럼 집에 조금씩 남은 채소로 충분히 만들 수 있습니다. 감자나 양파, 가지 등 현재 냉장고 안에 남아 있는 재료로 만들어보세요.

닭고기 토란조림

とり肉とさといもの煮もの

국물 없이 바싹 조려
즐기는 친숙한 맛

◌ 재료(1인분) 324kcal ◌ 염분 1.5g ◔ 25분

닭고기(넙적다리 살, 튀김용) ······ 3조각(80g)
토란 ······ 3개(200g)
식용유 ······ 1작은술
유자 껍질(채 썬 것) ······ 적당량

Ⓐ 조림 양념

맛국물 ······ 100㎖
간장 ······ ½큰술
맛술 ······ ½큰술
청주 ······ ½큰술

❶ 토란 껍질을 벗기고, 2~3㎝ 크기로 썬다.

❷ 작은 냄비에 기름을 두르고, 닭고기를 껍질 부분부터 강한 중불에서 굽는다. 양면의 색이 변하면 토란을 넣어 함께 볶고, 기름기가 돌면 Ⓐ를 부어준다.

❸ 끓기 시작하면 거품을 걷어낸다. 약한 중불로 줄이고 속 뚜껑을 살짝 비스듬하게 덮어서 15분 정도 조린다. 토란이 부드러워지면 뚜껑을 열고 냄비를 돌려가며 조림 양념과 재료가 골고루 조려지게 한다. 그릇에 담고 유자 껍질을 위에 뿌려준다.

남은 닭고기 보관 방법

닭고기는 수분이 많아서 상하기 쉽습니다. 냉동할 경우에는 소금과 청주로 밑간을 해두는 것이 좋습니다. 랩으로 싸서 보존 팩에 넣으면 2~3주 보관 가능합니다.

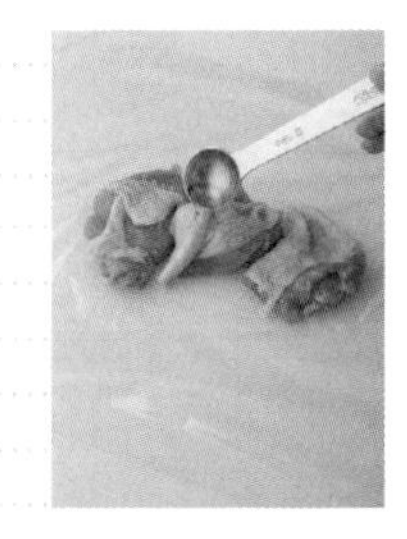

치킨 데리야끼

とり肉の照り焼き

닭고기를 구워서
데리야끼 양념을 입히면 완성!

◌ 재료(1인분) 283kcal ◌ 염분 1.4g ● 10분

닭고기(넙적다리 살, 튀김용)* ············ 3조각(80g)
청주 ············ ½ 작은술
마 ············ 50g
식용유 ············ ½ 큰술

Ⓐ 데리야끼 양념
설탕 ············ 1 작은술
맛술 ············ 1 작은술
청주 ············ 1 큰술
간장 ············ ½ 큰술

* 손질해서 판매하는 '튀김용' 닭고기는 소량 구입이 쉽고, 손질하는 수고를 덜어주기 때문에 1인분 요리에 아주 편리하다.

❶ 마는 1㎝ 두께로 통썰기 혹은 반달 모양으로 썰고, 껍질을 벗긴다. 닭고기에 청주 ½ 작은술을 뿌리고, Ⓐ는 섞어준다.
❷ 프라이팬에 기름을 두르고, 마와 고기를 겹치지 않게 펼쳐서 넣은 다음, 중불에서 양면을 굽는다.
❸ 마의 표면이 노릇해지면 먼저 그릇에 옮겨 담는다. 고기가 익으면 불을 끈다. 프라이팬에서 나온 기름을 키친타월로 닦고, Ⓐ를 넣고 약불에서 고기에 잘 스며들게 한다. 어느 정도 양념이 고기에 스며들면 그릇에 담는다.

유자 닭튀김

ゆず塩から揚げ

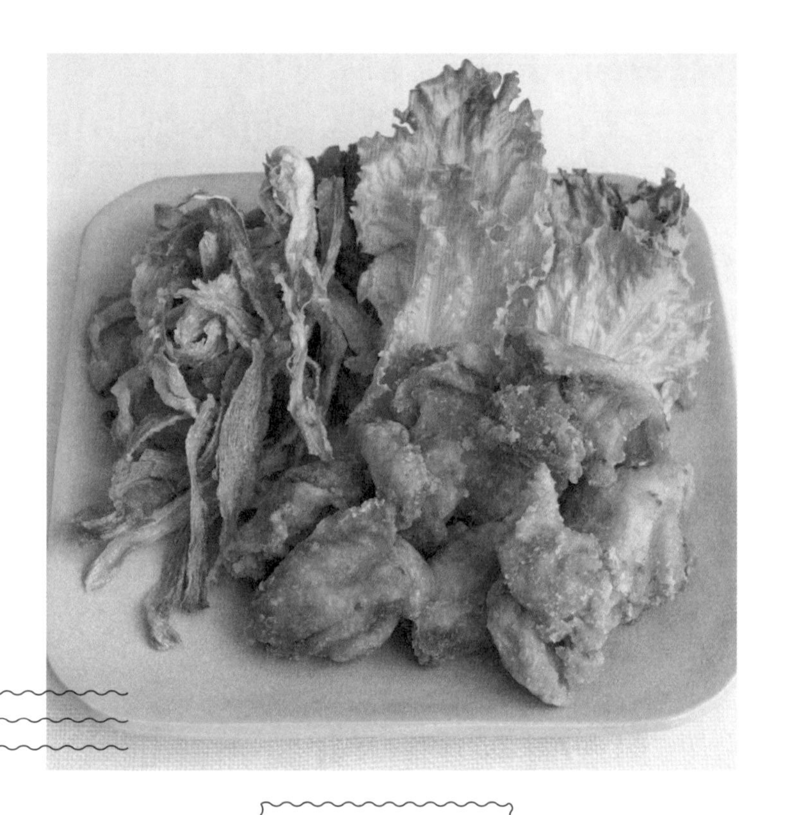

의외로 간단한 튀김!
혼술 안주로도 그만이에요

◌ 재료(1인분) 464kcal ◌ 염분 0.4g ● 15분

닭고기(넙적다리 살, 튀김용) ······ 6조각(150g)
유자후추* ······ 1작은술
우엉 ······ 10㎝(50g)
전분 가루 ······ 1큰술
튀김 기름 ······ 적당량

〈곁들임 채소〉
양상추 ······ 2장

* 유자후추(유즈코쇼)는 고추와 청유자 껍질, 소금을 갈아 숙성시킨 조미료다.

❶ 닭고기에 유자후추를 솔솔 뿌리고 잘 주물러서 5분 정도 둔다. 양상추는 먹기 좋은 크기로 뜯는다. 우엉은 껍질을 벗기고 필러로 얇게 깎아서 그릇에 넣는다.
❷ 우엉에 전분 가루를 ½큰술을 뿌려둔다. 깊이가 있는 프라이팬에 기름을 1㎝ 정도 넣고 가열한다. 기름 온도가 올라가면 우엉을 넣고 튀긴다. 노릇노릇한 갈색이 나면 꺼내서 기름을 털어준다.
❸ 바로 이어서 고기에 전분 가루 ½큰술을 고루 묻혀서 기름에 넣는다. 양면에 갈색이 날 때까지 중불에서 3~4분 정도 튀긴다(아래 사진). 그릇에 양상추를 깔고 닭튀김과 우엉을 담는다.

프라이팬에서 손쉽게 튀김을!
적은 양의 튀김은 작은 프라이팬을 사용하면 기름을 많이 사용하지 않아도 잘 튀겨집니다. 이 경우는 기름의 온도가 변하기 쉬워서 불의 세기를 잘 조절하는 것이 맛있는 튀김을 만드는 비결입니다. 단 작은 프라이팬을 사용할 때는 깊이가 어느 정도 있는 프라이팬을 선택해야 안전합니다.

쫀득한 닭고기조림

とり肉の治部煮

맛국물의 감칠맛이
살아 있는 간단한 닭요리

◌ 재료(1인분) 261kcal ◌ 염분 1.6g ◔ 10분

닭고기(넓적다리 살)	100g
밀가루	½큰술
표고버섯	2개
파	10㎝
경수채*	30g
당근	2개
와사비	적당량

Ⓐ 조림 소스

맛국물	100㎖
설탕	1작은술
간장	½큰술
청주	½큰술

* 다른 푸른 잎채소를 사용해도 좋다.

❶ 표고버섯은 꼭지를 제거한다. 파와 경수채는 5㎝ 길이로 썬다. 당근은 3㎜ 두께로 통썰기를 해 두 개를 준비한다.

❷ 닭고기는 3~4㎝ 크기로 비스듬하게 저미듯이 썬다.

❸ 냄비에 Ⓐ를 넣고 불을 켠다. 경수채 이외의 채소를 넣고 끓어오르면 고기에 밀가루를 뿌려서 넣는다(아래 사진). 중불에서 5분 정도 끓인다. 마지막에 경수채를 넣고 불을 끈다. 그릇에 담고 와사비를 곁들인다.

냄비 하나로 OK!

재료를 차례대로 냄비에 넣었을 뿐인데, 보기에도 고급스러운 음식이 완성됩니다. 닭고기에 뿌린 밀가루가 자연스럽게 걸쭉한 끈기를 만들어줘 맛도 좋습니다. 냄비 하나만 있으면 아주 손쉽게 멋스러운 조림 요리를 만들 수 있어요!

참깨 닭 가슴살구이

ささみのごま焼き

저렴한 닭 가슴살로
고소함이 가득한 요리 완성!

◌ 재료(1인분) 257kcal ◌ 염분 2.3g ● 15분

닭고기(가슴살) ······ 2장(100g)
참깨 ······ 2큰술
식용유 ······ ½큰술

Ⓐ 고기 밑간
간장 ······ 2작은술
청주 ······ 1작은술

〈곁들임 채소〉
양배추 ······ 1장(40g)
소금 ······ 약간
레몬(반달썰기) ······ ⅛조각

❶ 양배추는 2~3㎝ 크기로 자른다. 소금을 뿌려 가볍게 섞어주고, 숨이 죽으면 물기를 뺀다.
❷ 닭 가슴살은 힘줄을 제거하고 2등분하여 저미듯이 자른다. Ⓐ를 넣고 섞은 다음, 5분 정도 둔다. 키친타월로 살짝 물기를 닦아내고 참깨를 뿌려둔다.
❸ 프라이팬을 달궈 기름을 두르고 닭 가슴살을 넣은 다음, 약불에서 고기의 양면을 잘 구워 익힌다. 양배추와 익힌 닭 가슴살을 그릇에 담고, 레몬을 곁들인다.

촉촉한 구운 닭고기

とり肉の焼きびたし

닭 가슴살을 촉촉하고, 맛있게

◌ 재료(1인분) 397kcal ◌ 염분 1.2g ● 15분

닭고기(가슴살) ········· ½장(100g)
청주 ········· ½큰술
소금 ········· 적당량
전분 가루 ········· 2작은술
단호박 ········· 50g
오크라* ········· 2개
식용유 ········· 1큰술

Ⓐ 소스

맛국물 ········· 100㎖
간장 ········· 1작은술
맛술 ········· 1작은술
식초 ········· 1작은술

* 아삭한 식감과 속씨 부분이 마처럼 끈기가 있는 것이 특징이다. 꽈리고추로 대체해 사용해도 좋다.

❶ 단호박은 5㎜ 두께로 자른다. 오크라는 꽃받침 부분을 깎아내고, 소금으로 문질러 잔털을 없앤 다음 씻는다. 닭 가슴살은 한 입 크기로 어슷썰기를 하고, 청주와 소금을 뿌린 다음 전분 가루를 묻힌다.

❷ 냄비에 Ⓐ를 넣어 불에 올리고, 한 번 끓어오르면 그릇에 담는다.

❸ 프라이팬에 기름을 두르고 고기, 단호박, 오크라를 약한 중불에서 굽는다(아래 사진). 구워진 순서대로 Ⓐ에 담가 먹는다.

※ 바로 먹어도 되지만 15분 정도 두었다 먹으면 맛이 배어들어 더 맛있다.

1인분 굽기 비결

작은 프라이팬을 사용할 경우, 열이 빨리 전달되기 때문에 조금 약하게 불의 세기를 조절합니다. 이 레시피에서는 닭고기가 익기 전에 타버리지 않도록, 약한 불로 조절하면서 굽습니다.

소고기 감자조림

肉じゃが

세 가지 재료로 즐기는
일본 정통 가정 요리!

◌ 재료(1인분) 411kcal ◌ 염분 1.9g ◔ 20분

소고기(얇게 썬 것) ········· 80g
감자 ········· 1개(150g)
양파 ········· ¼(50g)

Ⓐ 조림 양념
맛국물(또는 물) ········· 100㎖
설탕 ········· 2작은술
간장 ········· 2작은술
청주 ········· 2작은술

❶ 감자는 껍질을 벗겨서 3㎝ 크기로 자르고, 물에 헹군 다음 물기를 뺀다. 양파는 2㎝ 폭으로 세로 썰기를 한다. 큰 소고기는 4~5㎝ 길이로 썬다.
❷ 작은 냄비에 Ⓐ를 잘 섞어서 넣는다. 소고기, 감자, 양파를 넣고, 고기는 뒤집어주면서 센불로 끓인다(아래 왼쪽 사진).
❸ 끓어오르면 거품을 걷어낸다. 속 뚜껑을 덮고(아래 오른쪽 사진) 냄비 뚜껑은 비스듬하게 덮은 다음, 약한 중불로 12~13분 동안 양념이 졸여질 때까지 끓인다.

소량의 조림 비결 1
냄비의 크기 선택이 중요합니다. 작은 냄비를 사용할 경우, 재료의 표면이 양념에서 보일락 말락 할 정도가 적당량입니다.

소량의 조림 비결 2
건더기 전체에 양념이 잘 배도록 속 뚜껑을 덮습니다. 속 뚜껑 하나로 재료에 맛이 스며드는 정도가 달라집니다.

일본식 스테이크

和風ステーキ

버터가 들어가
더욱 풍미가 느껴지는 요리

◌ 재료(1인분) 593kcal ◌ 염분 1.7g ● 10분

소고기(스테이크용)	1장(150g)
소금·후추	조금
그린 아스파라거스	2개
마늘	작은 것 ½개(3g)
식용유	1작은술
와사비	조금

Ⓐ 소스

버터	5g
간장	1작은술

❶ 아스파라거스는 5㎝ 길이로 비스듬하게 썰고, 마늘은 얇게 썬다. 소고기는 힘줄을 제거하고, 소금과 후추를 뿌려둔다.

❷ 프라이팬에 기름과 마늘을 넣고, 불은 약불로 조절한다. 마늘이 익으면 아스파라거스를 넣고 살짝 볶은 뒤, 함께 꺼낸다.

❸ 바로 이어서 프라이팬에 고기를 넣고 중불에서 약 50초간 굽는다. 고기가 노릇한 색이 나면 뒤집어서(아래 사진) 약불로 줄이고 약 2분간 굽는다. Ⓐ를 넣어 고기와 잘 섞는다. 먹기 좋게 썰어서 ❷와 함께 접시에 담아 와사비와 함께 낸다.

맛있게 고기 굽는 비결

스테이크용 고기는 가능하다면 굽기 20~30분 전에 실온에 둡니다. 작은 프라이팬에서 구울 경우, 열이 빨리 전달되기 때문에 강한 불에서 굽는 고기도 조금 약하게 불 조절을 해주세요.

야나가와풍 소고기 우엉조림

牛肉とごぼうの柳川風

◌ 재료(1인분) 304kcal ◌ 염분 1.5g ● 15분

소고기 ···················· 50g
우엉 ···················· 50g
달걀 ···················· 1개
산초 가루 ···················· 조금

Ⓐ 국물
맛국물 ···················· 50㎖
맛술 ···················· 1큰술
청주 ···················· 1큰술
간장 ···················· ½큰술

❶ 우엉은 껍질을 벗겨 연필 깎는 것처럼 비스듬하게 세워서 돌려 깎은 뒤, 물에 흔들어 씻은 후 물기를 뺀다. 소고기는 4~5㎝ 길이로 자른다. 달걀은 잘 풀어둔다.

❷ 작은 프라이팬에 Ⓐ와 우엉을 넣고 불을 켠다. 끓어오르면 뚜껑을 덮고, 약한 중불에서 1~2분간 끓인다.

❸ 우엉이 부드러워지면 고기를 넓게 펴 넣는다. 거품을 걷어내고 고기가 익으면 풀어놓은 달걀을 둘러가면서 넣고, 다 익지 않은 상태일 때 불을 끈다. 그릇에 담고 산초 가루를 뿌린다.

※ 야나가와풍이란 원래는 야나가와나베(柳川鍋)에서 나온 것으로, 일본 에도시대의 미꾸라지 전골요리를 의미한다. 독특한 것은 전골에 달걀을 풀어 넣어, 다 익지 않은 상태로 달걀이 건더기 재료에 엉겨 있는 점이 특징이다.

토마토 소고기전골

トマトすき焼き

작은 프라이팬 하나로
만드는 근사한 요리

◌ 재료(1인분) 453kcal ◌ 염분 1.7g ● 10분

소고기(샤브샤브용)*	100g
토마토	1개(150g)
양파	¼개(50g)
쑥갓	50g
식용유	1작은술
수란	1개

Ⓐ 전골 국물

설탕	1큰술
간장	1큰술
청주	1큰술

* 자투리 고기를 사용해도 좋다.

❶ 토마토는 2㎝, 양파는 1㎝ 폭으로 자르고, 쑥갓은 3~4㎝ 길이로 자른다. Ⓐ는 잘 섞어둔다.

❷ 작은 프라이팬에 기름을 두르고 양파를 살짝 볶는다. 중불로 조절하고 소고기, 토마토, 쑥갓을 펼쳐서 넣고 Ⓐ를 넣어 끓인다.

❸ 고기가 익으면 그대로 식탁으로 옮겨, 수란을 찍어 먹는다.

고기 두부조림

肉どうふ

하나의 냄비에 넣고
조리면 완성

◌ 재료(1인분) 310kcal ◌ 염분 1.5g ● 10분

소고기(등심, 얇게 썬 것) 50g
단단한 두부 .... ½모*(150g)
파 .... ½대
생강 .... 작은 것 1조각(5g)

Ⓐ 조림 국물
맛국물 .... 50㎖
설탕 2작은술
간장 2작은술
청주 2작은술

* 두부 크기는 각양각색이므로 주로 쓰는 두부의 무게를 알아두면 레시피를 보면서 만들 때 편리하다.

❶ 두부는 4등분하여 자르고, 키친타월에 싸서 내열 접시에 담아 전자레인지로 약 1분간 가열한 뒤, 물기를 뺀다.

❷ 파는 어슷썰기를 하고, 생강은 얇게 썬다. 소고기는 5㎝ 길이로 자른다.

❸ 작은 냄비에 Ⓐ를 넣는다. ❶과 ❷를 재료별로 구분해서 넣고 끓인다. 이때 고기는 겹치지 않게 펴서 넣는다(아래 사진). 끓어오르면 거품을 걷어내고, 뚜껑을 덮어 약한 중불에서 약 5분 정도 조린다.

작은 사이즈의 냄비가 편리!
모든 재료를 넣고 끓이는 것만으로 반찬이 간단히 완성됩니다. 소량의 조림에는 직경 15㎝ 정도의 작은 냄비가 아주 큰 활약을 합니다.

유부주머니조림

油揚げの袋煮

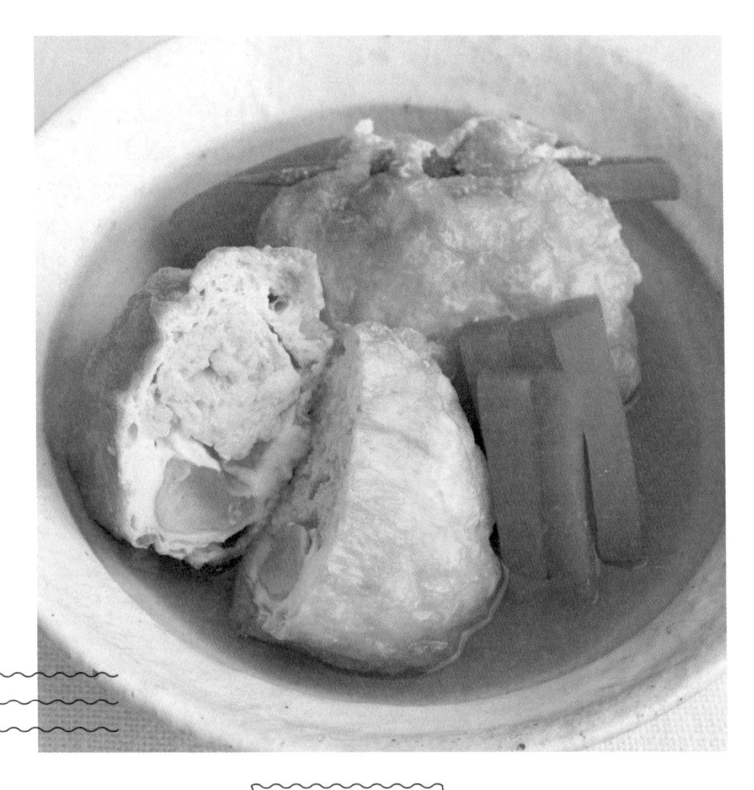

어묵이 그리워질 때
만드는 요리

◌ 재료(1인분) 365kcal ◌ 염분 2.1g ● 20분

유부 ········· 1장
달걀 ········· 2개
당근 ········· 5cm(40g)

Ⓐ 속 재료
닭고기(다진 것) ········· 40g
파(다진 것) ········· 5cm
생강(다진 것) ······ 작은 것 1조각(5g)
소금 ········· 적당량

Ⓑ 조림 국물
맛국물 ········· 200mℓ
설탕 ········· ½큰술
맛술 ········· ½큰술
간장 ········· ½큰술
청주 ········· ½큰술

❶ 당근은 7~8mm 두께의 길쭉한 사각 막대 형태로 자른다. 그릇에 Ⓐ를 넣는다. 유부는 반으로 자르고 주머니 형태로 연다. 유부의 크기를 확인해 반으로 나누어 사용할지, 하나를 다 사용할지 결정한다.
❷ 달걀을 깨서 1개씩 유부주머니에 넣는다. 이어서 Ⓐ를 손으로 잘 반죽하여 반으로 나누어 달걀 위에 넣는다(아래 사진). 주머니 입구를 꼬치 또는 이쑤시개 등으로 막아준다.
❸ 작은 냄비에 Ⓑ를 넣은 다음 불을 켜고, 끓어오르면 당근과 유부주머니를 넣는다. 속 뚜껑을 덮고 냄비 뚜껑은 비스듬하게 덮은 다음, 약한 중불에서 10분 정도 끓인다. 그릇에 담고 조림 국물을 붓는다.

유부주머니 만드는 비결
유부 안에 소를 넣을 때는, 입구를 벌린 유부를 작은 용기 안에 넣고 소를 채우면 편리합니다. 유부의 속을 열 때는 유부 위에 긴 젓가락이나 밀대를 올려 손바닥으로 밀면, 유부의 속을 벌리기 쉽습니다.

소보로 달걀말이

そぼろ入り卵焼き

다진 닭고기가 들은
새로운 달걀말이

◌ 재료(1인분) 328kcal ◌ 염분 1.4g ◷ 15분

닭고기(다진 것)	50g
달걀	2개
식용유	2작은술

Ⓐ 소보로 양념

설탕	1작은술
간장	1작은술
청주	½ 작은술

❶ 다진 닭고기에 Ⓐ를 넣고 잘 섞는다. 작은 프라이팬에 식용유 1작은술을 넣고 중불에서 다진 고기를 후루룩 볶아내고, 열기를 식혀준다. 그릇에 달걀을 풀고, 익힌 다진 고기를 넣고 섞는다.

❷ 사용한 프라이팬을 한 번 닦아주고, 기름 1작은술을 넣고 약한 중불로 맞춘다. 달걀의 ⅓을 프라이팬에 흘려보내고 반숙이 되면 반대편에서 앞쪽으로 말기 시작, 전체를 반대 방향으로 살짝 미끄러지듯이 젓가락이나 뒤집개로 밀어준다.

❸ 다시 같은 양의 달걀을 붓고 ❷의 밑에도 붓는다(아래 사진). 반숙이 되면 또 앞쪽으로 말아준다. 남은 달걀을 붓고, 다시 반복한다. 한김 식히고, 먹기 좋은 크기로 썬다.

프라이팬으로 만드는 달걀말이

작은 프라이팬은 달걀말이도 예쁘게 만들 수 있습니다. 약한 중불에서 재빠르게 굽는 것이 부드럽고, 맛있게 완성할 수 있는 비결입니다.

혼술 안주 – 맥주 편

어묵 매실 차조기말이

원통형 어묵 작은 것 1개를 4등분으로 자르고 차조기잎을 1장씩 끼워 넣는다. 매실절임의 과육(매실절임 1개, 볶은 참깨, 맛술을 조금 넣고 섞은 것)을 얹는다.

○ 40kcal, 염분 3.2g

알싸한 콩볶음

프라이팬에 기름을 적당량 두르고, 삶은 대두 60g을 볶은 다음, 맛술과 간장 1작은술을 뿌려 콩과 잘 섞는다. 마지막에 굵은 후추를 뿌린다.

○ 109kcal, 염분 1.2g

유부구이

유부 ½장을 삼각형 모양이 되도록 반으로 자르고, 프라이팬에 기름을 두르지 않고 갈색이 날 때까지 굽는다. 마요네즈와 시치미, 다진 생강과 간장을 각각 위에 얹는다.

○ 119kcal, 염분 0.6g

덮밥과 면 요리

두부 잔멸치덮밥

とうふとじゃこの丼

재료(1인분) 481kcal 염분 1.1g 10분

연두부	100g
파드득나물*	½단(5g)
잔멸치	15g
참기름	1큰술
따뜻한 밥	150g
간장	½작은술

* 미츠바라고도 불리며, 실파 또는 차조기잎 이나 참나물을 사용해도 좋다.

❶ 두부는 한입 크기로 잘라서 잠깐 두어 물기를 뺀다. 파드득나물은 1㎝ 길이로 썬다.

❷ 프라이팬에 참기름을 두르고 중불에서 잔멸치를 바삭하게 볶는다.

❸ 그릇에 밥을 담고 두부, 파드득나물을 얹는다. 멸치는 볶은 기름과 함께 얹는다. 간장을 뿌려서 먹는다.

참치마덮밥

まぐろの山かけ丼

불 없이 간단하게
만들 수 있는 덮밥

재료(1인분) 416kcal 염분 1.5g 15분

참치회*	70g
마	100g
김(구운 것)	½장
와사비	약간
따뜻한 밥	150g
간장	조금

Ⓐ 참치 양념

간장	2작은술
청주	1작은술

* 얇게 썬 것, 두껍게 썬 것 모두 사용해도 좋다.

❶ 그릇에 Ⓐ와 1.5㎝ 크기로 깍둑썰기한 참치회를 넣어 섞은 다음, 10분 정도 둔다. 마는 껍질을 벗기고 강판에 간다.

❷ 그릇에 밥을 넣고 김을 찢어 얹는다. 마를 얹고 양념의 물기를 살짝 뺀 참치를 밥 위에 얹는다. 와사비를 곁들이고, 간장을 뿌린다.

가다랑어회 절임덮밥

かつおのづけ丼

양념이 비린내를 없애주어
먹기 편해요

◌ 재료(1인분) 405kcal ◌ 염분 1.2g ◕ 15분

가다랑어회(얇게 썬 것)* ············ 80g
따뜻한 밥 ······························ 150g
초생강 ······································ 10g
시소잎(채 썬 것)** ······················ 2장
참깨(볶은 것) ···························· 약간

Ⓐ 가다랑어 양념

간장 ································· 1작은술
맛술 ································ ½ 작은술

* 가다랑어는 타다키용으로 불에 껍질이 그슬린 것을 사용해도 좋다.
**깻잎을 사용해도 좋다.

❶ 그릇에 Ⓐ와 가다랑어를 넣고 10분 정도 절인다.

❷ 초생강은 잘게 다진다. 그릇에 따뜻한 밥과 초생강을 넣고 주걱으로 살살 섞는다(아래 사진).

❸ 그릇에 ❷를 담고, 가다랑어를 얹은 다음, 가다랑어 양념을 조금 뿌린다. 시소잎을 얹고 볶은 참깨를 뿌려준다.

초생강으로 간단히 스시용 밥을!
절임덮밥에는 스시용 밥이 어울립니다. 처음부터 따로 스시용 밥을 만드는 것도 좋지만, 간단하게 초생강을 밥에 섞어주는 것만으로도 스시용 밥을 만들 수 있습니다. 초생강 하나로 1석 2조의 효과를 누려보세요.

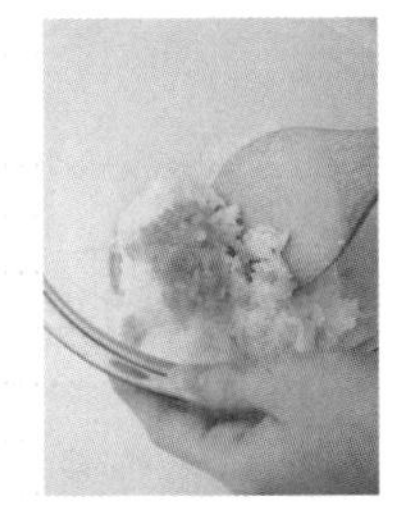

닭고기 달걀덮밥

親子丼

순식간에
완성되는 한 끼

재료(1인분) 529kcal　염분 2.1g　10분

닭고기(넙적다리 살)	80g
청주	½ 작은술
소금	약간
양파	¼ 개(50g)
달걀	1개
따뜻한 밥	150g

Ⓐ 양념

맛국물(또는 물)	50mℓ
간장	½ 큰술
맛술	½ 큰술

❶ 양파는 얇게 썬다. 닭고기는 한입 크기로 어슷썰기를 하고, 청주와 소금을 뿌려 맛이 배게 한다. 달걀은 풀어둔다.

❷ 작은 프라이팬에 Ⓐ, 양파, 고기를 넣고 중불에서 끓인다(아래 사진).

❸ 고기가 익으면 풀어놓은 달걀을 프라이팬에 골고루 둘러서 넣고 반숙이 되려 할 때 불을 끈다. 그릇에 밥을 넣고 걸쭉해진 달걀과 고기를 얹는다.

작은 프라이팬으로 후다닥 만든다

작은 크기의 프라이팬은 닭고기 전골을 만들 때도 냄비 대신 사용하기에 좋습니다.

장어 양념구이 비빔밥

ひつまぶし風混ぜごはん

장어 1장이면
2인분 완성!

◌ 재료(1인분) 445kcal ◌ 염분 1.1g ◷ 10분

장어 양념구이*	½ 장(60g)
장어 간장 양념(생략 가능)	1 작은술
양하**	1개
실파	1대
참깨	½ 작은술
따뜻한 밥	150g

* 남은 장어는 냉동 보관이 가능하므로, 랩으로 싸서 보존 팩에 넣는다. 약 2주간 보관 가능하다.

**다진 초생강을 사용해도 좋다.

❶ 양하는 잘게 썰고 물에 흔들었다가 물기를 뺀다. 실파는 잘게 썬다.

❷ 장어 양념구이는 1㎝ 폭으로 자르고 내열 용기에 담아 랩을 살짝 씌워 전자레인지에서 약 1분간 가열한다.

❸ 그릇에 밥을 담고, 장어와 장어 간장 양념, 양하와 실파, 참깨를 넣고 살살 섞는다.

돼지고기 양하덮밥

豚とみょうがの炒め丼

향미 채소 하나가 더해지면
식욕은 두 배로 상승!

◌ 재료(1인분) 596kcal ◌ 염분 1.4g ● 15분

돼지고기*(얇게 썬 것)	100g
양파	¼개(50g)
양하	1개
참기름	1작은술
따뜻한 밥	150g

Ⓐ 양념

생강(간 것)	작은 것 1조각(5g)
청주	½큰술
간장	½큰술
맛술	½큰술

* 등심, 어깨등심 등 기호에 맞는 부위를 선택해도 좋다.

❶ 양파는 1㎝ 폭으로 빗 모양 썰기를 한다. 양하는 얇게 썰고, 돼지고기는 길이를 반으로 자른다. Ⓐ는 잘 섞는다.

❷ 프라이팬에 참기름을 두르고 강한 중불에서 고기의 양면을 굽는다. 고기가 익어가면 프라이팬에서 나온 여분의 기름은 키친타월로 닦고 양파를 넣어 볶는다.

❸ Ⓐ를 붓고(아래 사진), 양념이 재료에 잘 감기도록 한다. 양하를 넣고 섞은 다음, 불을 끈다. 그릇에 밥을 담고 고기 볶은 것을 얹는다.

가장 기본적인 맛 내기 비율 1:1:1

요리를 할 때 가장 쉽게 맛을 내는 방법은 같은 양의 청주, 간장, 맛술에 생강을 조금 더한 것입니다. 이 비율만 알아두면 덮밥 이외의 반찬에도 잘 활용할 수 있습니다.

무 소바

だいこんそば

면의 반이 무로 된 저칼로리 소바

재료(1인분) 252kcal　염분 3.2g　15분

무 100g
실파(잘게 썬 것) 2대
유자 껍질(채 썬 것) .... 약간
꽁치간장양념 통조림* 40g
도로로콘부(실처럼 가늘게 썰어놓은 다시마) 2g
메밀면 100g

Ⓐ 쯔유
맛국물 .... 350㎖
간장 .... 1과 ½큰술
맛술 .... ½큰술

❶ 무는 껍질을 벗겨 5㎝ 길이로 채 썬다. 꽁치 통조림은 키친타월로 수분을 가볍게 제거한다.

❷ 메밀면을 삶는다. 미리 삶아놨다면 뜨거운 물에 담갔다가 그릇에 담는다.

❸ 냄비에 Ⓐ를 섞어서 넣은 다음, 불에 올리고 무를 넣는다. 끓어오르면 불을 끄고 그릇에 붓고 한번 섞는다. 통조림, 다시마, 실파와 유자 껍질을 얹는다.

* 우리나라의 일반 꽁치 통조림과는 다르며, 꽁치 간장조림으로 대체해 사용할 수 있다.

고기우동

肉つけうどん

◌ 재료(1인분) 463kcal ◌ 염분 2.1g ● 15분

삼겹살(얇게 썬 것) ········ 50g
파 ········ 10㎝
식용유 ········ ½ 작은술
냉동 우동 ········ 1덩어리(200g)
고춧가루 ········ 약간

Ⓐ 쯔유
맛국물 ········ 150㎖
간장 ········ ½ 큰술
설탕·맛술 ········ 각 1작은술

❶ 파는 5㎝ 길이로 썰고, 돼지고기도 파 길이에 맞춰 썬다.

❷ 냄비에 기름을 두르고 파를 볶는다. Ⓐ와 고기를 넣고 중불로 가열한다. 끓어오르면 거품을 걷어내며, 고기를 익힌다.

❸ 우동은 조리 표시대로 데우고 물기를 뺀 후, 그릇에 담는다. ❷를 다른 그릇에 담고 고춧가루를 뿌린다. 우동을 고기 쯔유에 담가 고기와 함께 먹는다.

카레유부우동

カレーきつねうどん

유부가 들어가
맛이 더욱 깊어진 카레우동

재료(1인분) 479kcal 염분 3.8g 15분

파 ············ ½대
식용유 ············ ½작은술
유부 ············ ½장
수란 ············ 1개
냉동 우동 ············ 1덩어리(200g)

Ⓐ 카레 쯔유
맛국물 ············ 300㎖
맛술 ············ 2큰술
간장 ············ 1큰술
카레 가루(또는 고형 카레) ············ 20g

❶ 파는 비스듬하고 얇게 썬다. 유부는 반으로 자르고 1.5㎝ 폭으로 썬다.
❷ 깊이가 있는 프라이팬에 기름을 두르고, 파를 중불에서 재빠르게 볶는다. Ⓐ를 넣고 카레 가루를 녹이듯이 풀어가며 끓인다. 카레 쯔유가 끓어오르면 냉동된 상태의 우동과 유부를 넣고 2~3분간 더 끓인다.
❸ 그릇에 담고 수란을 얹는다.

토핑 듬뿍 소면

具のせそうめん

◌ 재료(1인분) 462kcal ◌ 염분 4.8g ● 20분

닭고기(가슴살) 80g
토마토 .... ¼개
무순 .... ⅓팩(15g)
생강(간 것) .... 작은 것 1조각(5g)
소면 .... 1인분(80g)

Ⓐ 닭고기 밑간
청주 .... ½작은술
소금 .... 약간

Ⓑ 쯔유
맛국물 .... 150㎖
간장 1작은술
맛술 1작은술
소금 .... ¼작은술

❶ 냄비에 Ⓑ를 잘 섞어서 불에 올리고, 끓어오르면 불을 끄고 차게 식힌다.

❷ 닭 가슴살은 내열 용기에 담아 Ⓐ를 뿌린 뒤 랩에 씌워 전자레인지로 약 2분간 가열한다. 한김 식힌 다음, 손으로 닭 가슴살을 잘게 찢는다. 토마토는 세로 방향으로 빗 모양 썰기를 하고, 무순은 물에 헹군 뒤 물기를 뺀다.

❸ 소면은 조리 표시대로 삶은 후, 찬물에 잘 헹궈서 전분을 제거하고, 물기를 뺀다. 그릇에 소면, 닭고기, 채소, 생강을 담고 쯔유를 붓는다.

매실 소면

梅にゅうめん

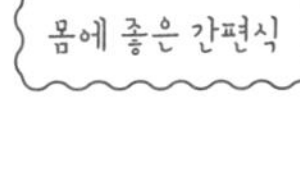

◌ 재료(1인분) 232kcal ◌ 염분 5.4g ● 10분

실파	1대
우메보시(매실절임)	1개(15g)
참깨	1큰술
소면*	50g

Ⓐ 쯔유

맛국물	300㎖
간장	1작은술
맛술	1작은술
소금	약간

* 한 묶음(50g) 정도인데 제품에 따라 중량은 조금씩 다를 수 있다.

❶ 실파는 3㎝ 길이로 비스듬하게 썬다. 매실절임은 씨를 빼고 과육을 칼로 두들겨 다진다.

❷ 소면은 조리 표시대로 삶아서 물에 충분히 헹궈서 전분을 없앤 다음, 물기를 뺀다.

❸ 냄비에 Ⓐ를 넣고 잘 섞어서 불에 올리고, 끓어오르면 불을 끈다. 삶은 소면은 뜨거운 물에 데워 그릇에 담고, 쯔유와 매실절임, 파를 얹고 깨를 뿌린다.

영양밥

焼きこみごはん

1인분도 가능한 영양 가득한 밥

◌ 재료(1인분) 367kcal ◌ 염분 2.0g ◷ 40분(쌀 불리는 시간은 제외)

쌀 ··············· 쌀 계량컵 ½ 컵(90㎖·75g)
맛국물(또는 물) ·························· 100㎖

Ⓐ
맛술 ······································ ½ 큰술
간장 ····································· 1 작은술
소금 ·· 약간

〈건더기 재료〉
당근 ·· 20g
우엉 ·· 20g
닭고기(가슴살) ···························· 30g
소금 ·· 약간
청주 ······································ ½ 작은술

❶ 쌀은 씻어서 작은 질냄비에 넣고 준비한 맛국물을 더하여 30분 이상 불린다.

❷ 당근은 2.5㎝ 길이의 막대 모양으로 자른다. 우엉은 껍질을 벗기고 4등분하여 2㎝ 길이로 얇고, 비스듬하게 썬다. 닭고기는 1㎝ 크기로 자르고 소금과 청주를 뿌린다.

❸ ❶의 질냄비에 Ⓐ를 더하고, ❷를 얹어 뚜껑을 닫고 약 6분 동안 약한 중불로 맞춰 끓인다. 비등의 상태가 되면 1분 정도 팔팔 끓는 상태로 둔다(아래 사진). 약불로 줄이고 약 10분간 둔다. 불을 끄고 다시 10분 정도 뜸을 들인 다음, 뚜껑을 열고 섞어준다.

비등이란?
질냄비로 요리를 하다 보면 구멍에서 증기가 나오는데, 아주 센 증기가 나오는 것이 비등입니다. 이 상태로 1분 정도는 그대로 두고, 증기가 빠지면 불을 줄이는 것이 포인트입니다.

장아찌 볶음밥

漬けもの焼きめし

요리 초보자도 맛있게 완성

재료(1인분) 467kcal　염분 1.8g　10분

밥	200g
노자와나 장아찌*	30g
잔멸치	15g
간장	½ 작은술
참깨	1 작은술
참기름	½ 큰술

* 노자와나는 순무의 한 품종으로 뿌리와 이파리 모두 장아찌에 많이 쓰인다. 노자와나가 없을 경우에는 갓 장아찌, 단무지, 배추 장아찌(절임) 등을 사용해도 좋다.

❶ 노자와나 장아찌는 수분을 꼭 짜서 잘게 다진다.

❷ 프라이팬에 참기름을 두르고 강한 중불에서 노자와나 장아찌를 볶는다. 기름이 스며들면 멸치와 밥을 더하여 고슬고슬 볶는다.

❸ 간장, 참깨를 뿌려 잘 섞고 불을 끈다.

달걀죽

卵ぞうすい

야식이나
식욕이 없을 때

재료(1인분) 341kcal 염분 2.2g 10분

밥	150g
파드득나물	1단(10g)
달걀	1개

Ⓐ

맛국물	300㎖
소금	¼ 작은술
간장	½ 작은술

❶ 밥은 체에 밭쳐 물에 재빨리 씻는다. 파드득나물은 2㎝ 길이로 자른다.

❷ 작은 질냄비에 Ⓐ를 섞어 넣고 중불로 맞춘다. 어느 정도 열이 오르면 씻어놓은 밥을 넣어 섞어주고 약불로 줄이고 뚜껑을 닫는다. 끓어오르면 파드득나물을 넣고 달걀을 잘 풀어 냄비 안에 둘러 넣어준다. 뚜껑을 덮고 불을 끈다.

혼술 안주 – 일본주 편

꽁치 오이무침

오이 ½개는 얇게 썰어서 소금을 뿌려두었다 물기를 꼭 짠다. 꽁치간장양념 통조림 40g, 채 썬 생강 5g, 식초 1작은술을 넣고 무친다.

○ 116kcal, 염분 0.8g

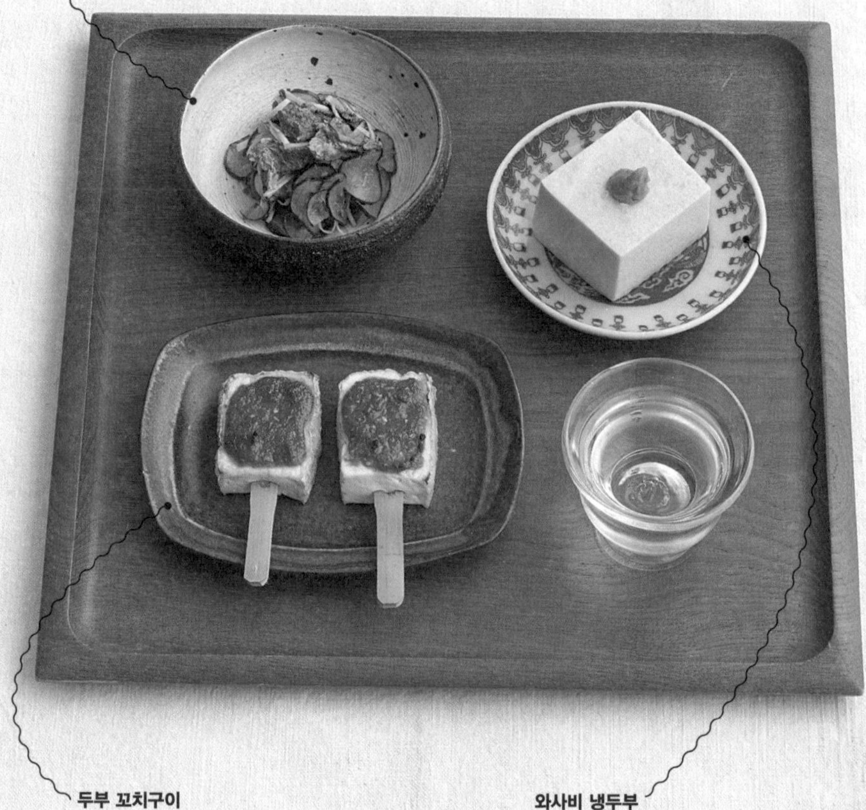

두부 꼬치구이

두부 ¼모를 반으로 잘라 조금 단단하게 두부부침을 한다. 미소 양념(미소 ½큰술, 맛술 1작은술, 파 3㎝를 다져 섞은 것)을 부친 두부에 바르고 오븐토스터에 넣은 다음, 노릇한 색이 날 때까지 굽는다.

○ 104kcal, 염분 1.0g

와사비 냉두부

연두부 ¼모(75g)를 접시에 담는다. 와사비를 두부 위에 얹고, 소금을 살짝 뿌려준다.

○ 43kcal, 염분 0.5g

생선 요리

연어 데리야끼

さけの照り焼き

구하기 쉽고
요리도 쉬운 연어

재료(1인분) 260kcal 염분 2.1g 20분

생연어 ········· 1조각(100g)
소금 ········· 약간
연근 ········· 50g
식용유 ········· 1작은술

Ⓐ 데리야키 양념
맛술 ········· 1큰술
간장 ········· ½큰술
청주 ········· ½큰술

❶ 연어는 소금을 뿌려 5분 정도 둔다. 연근은 잘 씻어서 껍질째로 5~6㎜ 두께의 원 모양으로 자른다. Ⓐ는 잘 섞는다.

❷ 연어는 키친타월로 가볍게 물기를 제거한다. 프라이팬에 기름을 두르고, 연어는 안쪽 면부터 중불에서 굽고, 껍질이 있는 면으로 뒤집어서 다시 굽는다. 프라이팬의 비어 있는 공간에 연근을 넣고 함께 굽는다.

❸ 연어의 양면이 다 익으면, 프라이팬의 기름을 가볍게 닦고 Ⓐ를 넣는다. 연어와 연근에 양념을 끼얹다 양념이 조금 졸여지면, 접시에 담는다.

생선이 남으면?

남은 생선을 냉동시킬 때는 생선 1조각에 소금 약간과 청주 1작은술로 밑간해서 냉동하는 것을 추천합니다. 밑간을 하면 맛이 유지되고 쉽게 상하지 않습니다. 랩으로 싸서 보존 팩에 넣으면 2~3주간 보관 가능합니다. 사용할 때는 미리 냉장고에 옮겨 해동시켜 놓고, 시간이 없을 경우에는 냉동된 상태에서 조리합니다.

연어 미소구이

さけのみそ炒め

프라이팬으로 간단히 완성

◌ 재료(1인분) 272kcal ◌ 염분 1.7g ● 15분

생연어* ······ 1조각(100g)
소금 ······ 조금
양배추 ······ 100g
단호박 ······ 50g
식용유 ······ 1작은술

Ⓐ 미소 양념
된장 ······ ½큰술
청주 ······ ½큰술
설탕 ······ 1작은술
맛술 ······ 1작은술

* 낮은 염분 농도로 절여진 연어라면 사용해 도 좋지만, 소금 밑간을 생략한다.

❶ 연어는 4등분으로 잘라 소금을 뿌리고, 5분 정도 둔다.

❷ 양배추는 3㎝ 크기로 자르고, 단호박은 7~8㎜ 두께의 한입 크기로 썬다. Ⓐ는 섞는다.

❸ 연어의 수분을 키친타월로 가볍게 흡수시킨다. 프라이팬에 기름을 두르고 연어를 강한 중불에서 굽는다. 양면에 노릇노릇 색이 나면 옆으로 밀고, 프라이팬의 기름을 닦는다. 단호박, 양배추를 넣고 가볍게 볶는다. Ⓐ를 둘러가며 뿌려준 다음, 뚜껑을 꼭 닫고 약불에서 3분 정도 찌듯이 굽는다.

연어 술찜

さけのホイル酒蒸し

요리를 지켜보지 않아도 되는
오븐토스터의 간편함

◌ 재료(1인분) 156kcal ◌ 염분 1.1g ● 20분

생연어	1조각(100g)
청주	½큰술
소금	약간
양파	30g
백만송이버섯	½팩(50g)
폰즈간장	1작은술
알루미늄 포일(25㎝×30㎝)	1장

❶ 양파는 얇게 썰고, 백만송이버섯은 뿌리를 제거하고 손으로 뜯어서 나누어 놓는다.

❷ 알루미늄 포일에 연어를 놓고 청주, 소금을 뿌린다. ❶을 연어의 위아래에 깔고, 알루미늄 포일을 꼼꼼하게 여며서 싼다.

❸ 오븐토스터를 예열하고, ❷를 약 15분간 굽는다(아래 사진). 폰즈간장을 뿌려서 먹는다.

※ 굽는 시간은 15분을 기준으로 하지만, 오븐토스터의 열량에 따라 조금씩 차이가 있다.

포일 구이는 1인분용에 적합

1인분씩 만드는 집 반찬으로는 포일 구이가 제격입니다. 재료를 싸서 굽기만 하면 되니까 무엇보다 손이 자유롭죠! 증기가 새어 나오지 않도록 알루미늄 포일은 사진과 같이 꼼꼼하게 싸서 오븐토스터에 넣는 것이 좋습니다.

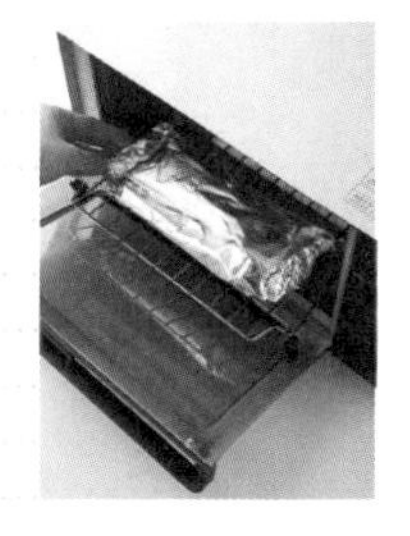

연어 간장구이

さけの焼きびたし

바로 만들어 먹으니까
양념은 소량으로!

◌ 재료(1인분) 203kcal ◌ 염분 1.7g ● 15분

생연어	1조각(100g)
소금	약간
파	10㎝
느타리버섯*	50g
식용유	1작은술

Ⓐ 간장 양념

간장	½큰술
맛술	½큰술
식초	½큰술

* 다른 버섯 또는 꽈리고추, 양파와도 잘 어울린다.

❶ 연어는 3등분으로 나누어 자르고 소금을 뿌려 5분 정도 둔다. 파는 길이를 반으로 자른다. 느타리버섯은 먹기 좋은 크기로 떼어 놓는다.

❷ Ⓐ는 넉넉한 크기의 내열 용기에 담아, 랩은 씌우지 않고 전자레인지에서 20초 정도 가열한다.

❸ 연어의 수분을 키친타월로 닦는다. 프라이팬에 기름을 두르고 연어, 파, 느타리버섯을 펼쳐서 넣고 중불로 굽는다. 이때 연어는 양면을 2분씩 굽는다. 구워진 것부터 양념에 묻힌다(아래 사진).

화구와 전자레인지의 연합으로

프라이팬에서 재료를 구우면서, 동시에 양념도 전자레인지에서 돌리면 시간을 절약할 수 있습니다. 재료가 적당히 구워지면 옆에서 바로 양념을 묻힙니다.

가자미조림

かれいの煮つけ

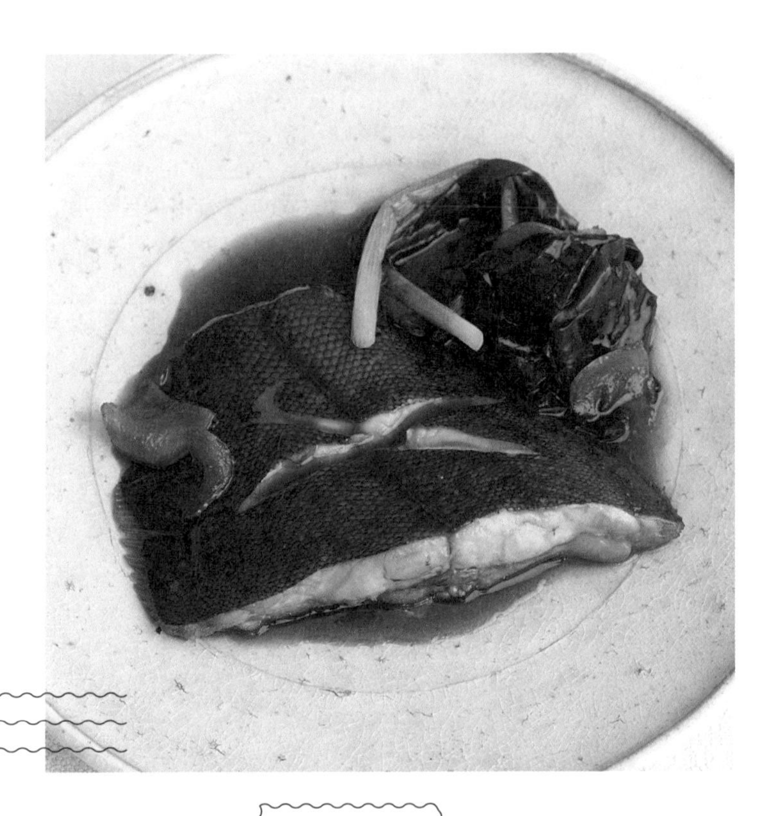

양념이 많을수록
더욱 맛있는 요리

◌ 재료(1인분) 214kcal ◌ 염분 2.3g ● 20분

가자미(자른 것)* ············ 1조각(150g)
미역(염장) ············ 5g
실파 ············ 3~4대
생강 ············ 작은 것 1조각(5g)

Ⓐ 조림 양념
물 ············ 100㎖
청주 ············ 2큰술
맛술 ············ 2큰술
간장 ············ 1큰술

* 알이 찬 가자미의 경우, 생선에서 알을 꺼내 함께 조려도 맛있다.

❶ 미역은 물에 3분 정도 불린 뒤, 물기를 짜서 3㎝ 길이로 자른다. 실파는 길이를 3등분한다. 생강은 껍질째로 얇게 썬다. 손질된 가자미는 겉 표면에 칼집을 넣는다.

❷ 작은 프라이팬에 Ⓐ와 생강을 넣고 강한 중불로 올린다. 끓어오르면 가자미를 넣고 표면에 숟가락으로 양념을 끼얹어준다. 거품을 걷어낸 후, 속 뚜껑을 닫고 중불에서 6분 정도 조린다(120쪽 생선조림 비결 참조).

❸ 가자미가 익으면 미역과 실파를 넣는다. 양념을 가자미에 끼얹으면서 강불로 올려 2~3분 정도 조리고, 양념이 냄비 밑에 살짝 남을 정도가 되면 불을 끈다.

꽁치 매실조림

さんまの梅煮

1인분으로 딱 좋은
냄비 생선조림

◌ 재료(1인분) 372kcal ◌ 염분 4.1g ● 15분

꽁치 ······························ 1마리(150g)
생강 ···················· 작은 것 1조각(5g)
우메보시(매실절임) ·············· 1개(15g)

Ⓐ 조림 양념
물 ·· 50㎖
청주 ······································ 2큰술
맛술 ······································ 1큰술
간장 ······································ ½큰술

❶ 꽁치는 머리를 떼고 내장을 제거한 후, 속을 깨끗이 씻는다. 키친타월로 물기를 제거한다. 양면에 1㎝ 간격으로 칼집을 넣고 반으로 자른다. 생강은 껍질째로 얇게 자른다.

❷ 작은 프라이팬에 Ⓐ를 넣고 강한 중불로 올린다. 끓어오르면 꽁치, 생강, 매실절임을 넣고 꽁치의 표면에 양념을 숟가락으로 끼얹는다. 거품을 걷어낸 후, 속 뚜껑을 덮고 중불에서 5분 정도 조린다.

❸ 어느 정도 익으면 꽁치에 양념을 끼얹고 불을 강하게 올려서 양념이 1큰술 정도 남을 때까지 조리고, 불을 끈다(아래 사진).

생선조림 양념

맛있는 일본식 생선조림은 생선의 속까지 양념의 맛이 배게 하지 않습니다. 생선 살에 양념을 끼얹어가며 먹는 것이 제대로지요. 생선의 종류와 요리에 따라 양념의 양을 조절하며 조리도록 합니다.

전자레인지 흰살생선찜

白身魚のレンジ蒸し

채소와 함께 찌면
더욱 촉촉해져요

◌ 재료(1인분) 99kcal ◌ 염분 1.2g ◷ 10분

생대구	1조각(100g)
청주	1작은술
소금	약간
당근	4㎝(20g)
생강	작은 것 1조각(5g)
실파	1대
염장 다시마(채 썬 것)	2g

❶ 당근, 생강은 채 썬다. 실파는 4㎝ 길이로 어슷썰기를 한다. 손질한 재료에 염장 다시마를 섞는다.

❷ 내열 접시에 대구를 담고 청주와 소금을 뿌린다. ❶을 위에 얹고, 랩으로 살짝 싸서 전자레인지에서 약 3분간 가열한다(아래 사진).

전자레인지에서 만드는 반찬

1인분이라면 전자레인지찜 요리도 추천합니다. 생선이나 고기는 물론 채소도 함께 가열하여 식초소스에 찍어 먹습니다. 이 요리에서는 염장 다시마가 양념의 역할을 동시에 해주었습니다.

방어 무조림

ぶりだいこん

1인분도 맛있게 조릴 수 있어요

◌ 재료(1인분) 313kcal ◌ 염분 1.8g ◔ 20분

방어	1조각(100g)
무	100g
생강	작은 것 1조각(5g)

Ⓐ 조림 양념

맛국물(또는 물)	100㎖
청주	1큰술
맛술	1큰술
간장	2작은술

❶ 무는 껍질을 벗기고 1㎝ 두께, 3~4㎝ 크기의 은행잎썰기를 한다. 생강은 껍질째로 채 썬다. 방어는 3~4㎝ 크기로 자른다.

❷ 작은 냄비에 Ⓐ와 무를 넣고 불을 올린다(아래 사진). 끓어오르면 방어와 생강을 넣고, 다시 끓어오르면 거품을 걷어내고 속뚜껑을 덮은 다음, 약한 중불에서 15분 정도 조린다.

간편해서 너무 좋은 1인분!

방어 무조림은 맛이 충분히 배인 무가 정석인데, 그러기에는 시간이 오래 걸리므로 바로 후다닥 만들어 먹기에는 적합하지 않죠. 이럴 때는 무를 작게 썰어서 조리는 시간을 단축해봅시다. 양념 맛이 훨씬 잘 배어듭니다.

방어 데리야끼

ぶりの鍋照り

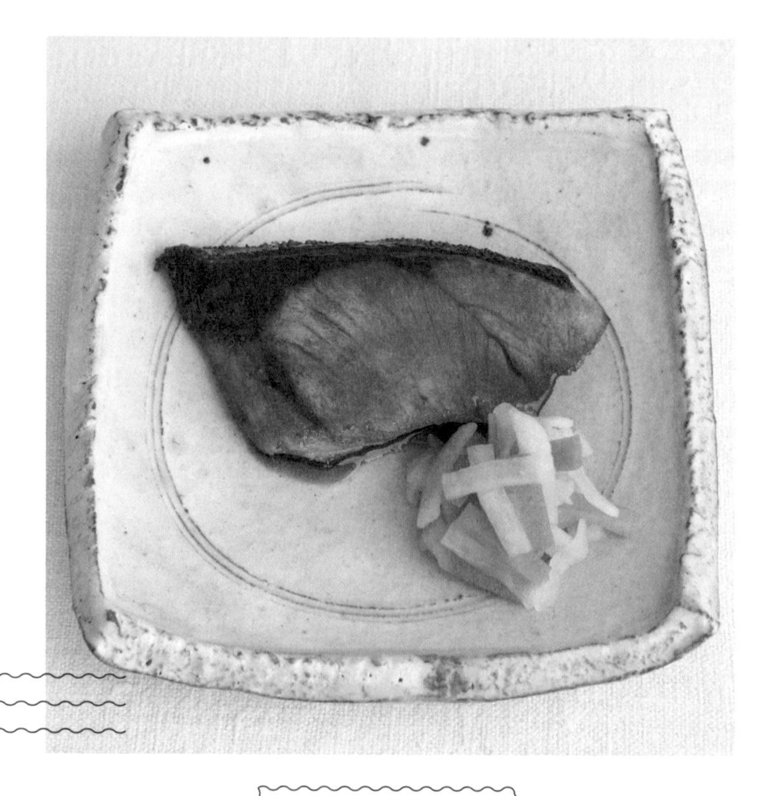

쉬운 조미료의 배합 비율로
간단하게 완성!

◌ 재료(1인분) 350kcal ◌ 염분 2.2g ● 20분

방어 ······ 1조각(100g)
소금 ······ 약간
식용유 ······ 1작은술

Ⓐ 데리야끼 양념
설탕·간장·맛술·청주 ···· 각 ½큰술

〈초무침〉
무 ······ 3㎝(30g)
당근 ······ 3㎝(10g)
소금 ······ 약간

Ⓑ
설탕·식초 ······ 각 1작은술

❶ 무, 당근은 7~8㎜ 폭으로 골패썰기를 한다. 소금을 뿌려 5분 정도 두고, 수분이 나오면 짜준다. Ⓑ를 섞어 무친다.

❷ 방어는 소금을 뿌려 5분 정도 둔다. Ⓐ를 섞는다.

❸ 방어의 수분을 키친타월로 닦아낸다. 프라이팬에 기름을 두르고, 방어를 접시에 담을 때 보이는 면을 먼저 중불에서 굽는다. 방어의 양면이 익으면 프라이팬의 기름을 닦고 Ⓐ를 넣는다. 약불로 줄이고 숟가락으로 양념을 끼얹으면서 윤기가 잘 나도록 조린다. 그릇에 담고 초무침을 곁들인다(아래 사진).

고기와 생선 요리에는 채소를 곁들이자
일식에서 메인요리 바로 옆에 소량 곁들이는 '초무침(마에모리)'. 여기서는 조금 넉넉한 양을 접시에 담아 반찬의 역할을 담당합니다. 맛이 진한 요리에 상큼한 곁들임 채소는 환상적인 조합이죠.

고등어 레몬구이

塩さばのレモン焼き

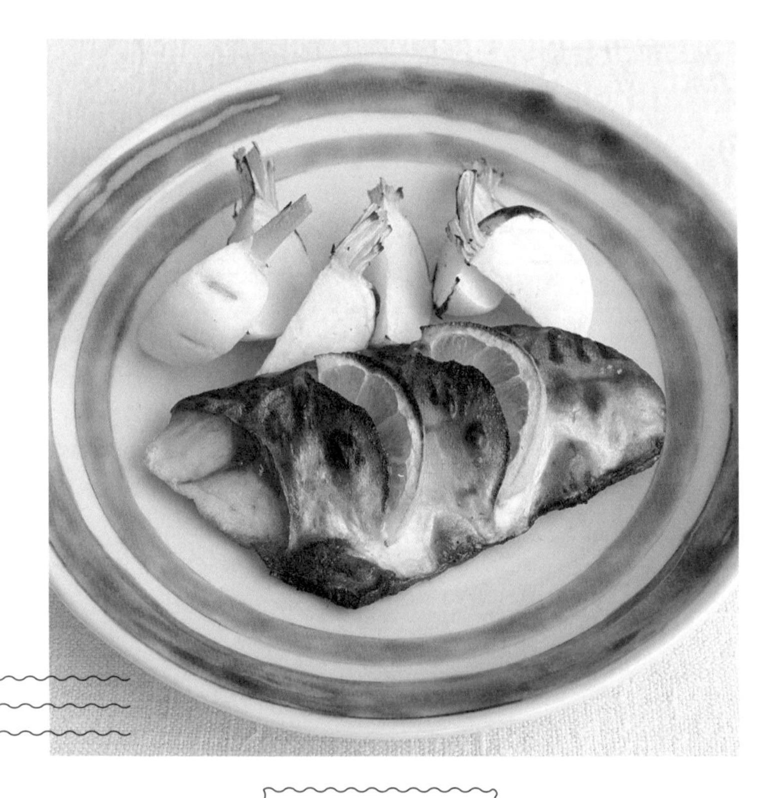

상큼한 레몬향이 가득한
고등어 소금구이

◌ 재료(1인분) 313kcal ◌ 염분 1.8g ● 15분

고등어자반	1조각(100g)
순무	1개
레몬(반달썰기한 것)	2조각
레몬즙	1작은술

❶ 고등어는 껍질 쪽에 칼집을 두 군데 넣고, 레몬을 반달 모양으로 썰어서 고등어 칼집 부분에 끼워 넣는다. 레몬즙을 뿌려 5분간 둔다.

❶ 순무는 잎을 1~2㎝ 남겨두고 자르고, 6등분한다.

❶ 고등어와 순무를 그릴에서 7분 정도 굽는다. 중간에 순무가 다 구워지면 먼저 꺼낸다. 양면 그릴이 아닐 경우, 고등어는 안쪽 면부터 굽는다.

고등어 미소조림

さばみそ

작은 냄비에서는
1조각도 맛있게 조려진다

재료(1인분) 247kcal 염분 2.3g 20분

고등어 ··· 1조각(100g)
파 ··· 10㎝
생강 ··· 작은 것 1조각(5g)

Ⓐ 조림 양념
미소 ··· ⅔큰술(10g)
물 ··· 100㎖
청주 ··· 1큰술
맛술 ··· ½큰술
간장 ··· 1작은술

❶ 파는 5㎝ 길이로 자른다. 생강은 갈아서 즙을 내고, 고등어는 껍질 부분에 칼집을 넣는다.

❷ 작은 냄비에 미소를 제외한 Ⓐ를 넣고 불을 올린다. 끓어오르면 고등어를 넣는다. 고등어 표면에 양념을 숟가락으로 끼얹는다. 다시 끓어오르면 거품을 걷어내고, 속 뚜껑을 덮어 중불에서 2분 정도 끓인다.

❸ 이어서 파를 넣는다. 미소를 조림 양념에 살살 풀어서 넣는다(아래 사진). 다시 속 뚜껑을 덮고 중불에서 7분 정도 조린다. 어느 정도 조려지면 생강즙을 넣고 고등어에 양념을 끼얹으면서 조리고, 양념이 2숟가락 정도 남으면 불을 끈다.

고등어 미소조림은 작은 냄비로

고등어 1조각을 조리려면 작은 냄비에서 해야 생선과 소스의 양이 균형 있게 잘 조려집니다. 맛 내는 비결은 미소를 나중에 넣는 것입니다. 처음부터 미소를 넣으면 다른 맛이 고등어에 배기 어렵기 때문입니다.

전갱이 난반스절임

あじの南蛮酢かけ

전분 가루를 묻혀
굽기만 하면 끝

◌ 재료(1인분) 250kcal ◌ 염분 1.1g ● 15분

전갱이(손질한 것 3장)	1마리(90g)
소금	약간
전분 가루	1작은술
파	3㎝
식용유	1큰술

Ⓐ 난반스(단식초소스)

홍고추(잘게 썬 것)	2㎝
식초	½큰술
설탕	½작은술
간장	½작은술

❶ 손질된 전갱이는 소금을 뿌려 5분 정도 둔다. Ⓐ는 잘 섞어둔다.

❷ 파는 가늘게 채썰기해서 물에 헹궜다가 물기를 뺀다.

❸ 전갱이의 수분을 키친타월로 제거하고 전분 가루를 골고루 뿌려준다. 달궈진 프라이팬에 기름을 두르고 중불로 올린 다음, 전갱이 껍질 부분부터 굽는다. 바싹 구워지면 뒤집고 뚜껑을 닫아준다. 약불에서 2분 정도 익힌 뒤, 그릇에 담고 파를 얹은 다음, Ⓐ를 뿌린다.

정어리 양념구이

いわしの蒲焼き

찐득한 소스의 맛이
밥과 환상 궁합!

◌ 재료(1인분) 318kcal ◌ 염분 2.8g ● 20분

정어리(손질해서 펼친 것) ······ 2마리(100g)
전분 가루 ······ ½큰술
식용유 ······ ½큰술
유채* ······ 2~3줄기(30g)

Ⓐ 양념
설탕 ······ 1큰술
간장 ······ 1큰술
청주 ······ 1큰술

* 소송채나 시금치를 사용해도 맛있다.

❶ 유채는 끓는 물에 데쳐서 물기를 짜고, 4㎝ 길이로 자른다.

❷ Ⓐ는 잘 섞어준다. 정어리에 전분 가루를 뿌린다.

❸ 프라이팬에 기름을 두르고, 정어리를 살 쪽부터 중불에 굽고 뒤집어서 양면을 보기 좋게 굽는다.

❹ 불을 끄고 정어리를 프라이팬의 가장자리로 옮긴 다음, 프라이팬에 남아 있는 기름을 닦고 Ⓐ를 넣는다. 약불로 조절하고, 정어리에 양념이 골고루 잘 스며들도록 숟가락으로 끼얹는다. 정어리에 윤기가 나면 불을 끄고 그릇에 담은 뒤, 유채를 곁들인다.

참깨 토핑 도미회

たいのごま油がけ

식욕을 돋우는 고소한 향

◌ 재료(1인분) 272kcal ◌ 염분 0.6g ◔ 10분

도미회*(얇게 썬 것) ········· 80g
파 ········· 5㎝
생강 ········· 작은 것 1조각(5g)
파드득나물** ········· 1단(10g)
참기름 ········· 1큰술
참깨 ········· 1큰술
폰즈간장 ········· ½큰술

* 농어, 전갱이를 사용해도 좋다.
**파드득나물 대신 차조기잎, 양하, 실파, 깻잎 등 향미 채소도 기호에 따라 넣어도 좋다.

❶ 파, 생강은 채를 썰고, 파드득나물은 3㎝ 길이로 자른다. 도미는 5㎜ 두께로 저미듯이 썬다.

❷ 접시에 도미를 담고 파, 생강, 파드득나물을 얹는다.

❸ 프라이팬에 참기름과 참깨를 넣고 약불에서 볶고, 고소한 향이 나면 ❷에 뿌린다. 폰즈간장을 마지막에 끼얹는다.

두부 게살 앙가케

とうふのかにあん

게살 통조림으로 깊은 맛을!

◌ 재료(1인분) 143kcal ◌ 염분 1.6g ● 10분

연두부 ········· 150g
게살 통조림 ········· 30g
죽순(데친 것) ········· 20g

〈앙가케소스〉

Ⓐ

맛국물 ········· 100㎖
우스구치쇼유* ········· 1작은술
맛술 ········· 1작은술

Ⓑ

전분 가루 ········· 1작은술
물 ········· 2작은술

* 연한 색을 내기 위해 일반 간장에 비해 색이 연한 우스구치쇼유를 사용했지만, 동량의 진한 맛 간장을 사용해도 좋다.

❶ 죽순은 2~3㎝ 크기로 얇게 자른다. Ⓑ는 잘 섞는다.
❷ 냄비에 Ⓐ를 섞어서 넣고 불을 올린다. 끓기 시작하면 죽순, 게살, 연두부를 손으로 큼직하게 떼어 넣는다. 중불에서 약 2분간 끓인다.
❸ Ⓑ를 냄비에 넣고 젓는다. 소스가 걸쭉해지면 불을 끈다.

구비해두면 편리한 식재료는?

오래 두고 먹을 수 있는 통조림이나 소포장 두부 등은 1인분 식사를 만들기에 아주 편리합니다. 몸에도 좋은 단백질로 주로 이루어졌으니 요리에 다양하게 사용해보세요.

황새치 앙카케

かじきのあんかけ

전분소스를 듬뿍!

◌ 재료(1인분) 173kcal ◌ 염분 1.3g ● 15분

황새치* ········· 1조각(100g)
파드득나물 ········· 1단(10g)
와사비 ········· 약간

〈앙가케소스〉

Ⓐ

맛국물 ········· 150㎖
소금 ········· 약간
우스구치쇼유** ········· ½작은술
맛술 ········· 1작은술

Ⓑ

전분 가루 ········· 1작은술
물 ········· 2작은술

* 도미와 삼치도 잘 어울린다.
**진한 맛 간장을 사용해도 좋다.

❶ 파드득나물은 잎과 줄기를 나누고, 줄기는 2㎝ 크기로 썬다. Ⓑ는 섞는다.

❷ 작은 냄비에 Ⓐ를 넣고 불을 올리고, 끓어오르면 새치를 넣는다. 다시 끓어오르면 거품을 걷어내고 중불에서 7분 정도 끓이면서 익힌다. 황새치를 꺼내어 그릇에 담는다.

❸ Ⓑ를 냄비에 남아 있는 국물에 넣고 잘 섞는다. 걸쭉해지면 파드득나물 줄기를 넣고 불을 끈다. 황새치에 소스를 얹고 파드득나물잎을 뿌리고, 와사비를 곁들인다.

대구 맑은탕

ちり鍋

영양분이 가득한
포만감을 주는 탕 요리

◌ 재료(1인분) 227kcal ◌ 염분 2.0g ◷ 10분

대구(또는 생태) ············· 1조각(100g)
두부 ······························ ½모(150g)
배추 ···························· 1~2장(100g)

Ⓐ 쯔유

다시마 ································ 5㎝(5g)
물 ······································· 300㎖
청주 ····································· 1큰술

Ⓑ 찍어 먹는 간장소스

전골용 쯔유 ··························· 1큰술
간장 ····································· 1큰술
청주 ································· 1작은술
파(잘게 썬 것) ···················· 5㎝(10g)
가다랑어포 ································ 3g

❶ 두부는 4등분해서 자른다. 배추는 4㎝ 크기로 자르고, 대구는 한입 크기로 자른다.
❷ 질냄비에 Ⓐ를 넣고 중불로 올린다. 끓어오르면 대구를 넣고 1~2분 정도 끓인다. 두부, 배추를 넣고 다시 1~2분 정도 끓인다.
❸ 내열 용기에 Ⓑ를 잘 섞어서 넣고 랩을 씌우지 않고 전자레인지에서 약 1분간 가열한다. 꺼내어 그릇에 담아 전골의 건더기를 찍어서 먹는다.

히로시마풍 굴전골

かきの土手鍋

요리하면서 먹는 즐거움

◌ 재료(1인분) 281kcal ◌ 염분 5.3g ◷ 15분

굴(껍질 깐 것) ··· 100g
부침두부 ··· ½모(150g)
파 ··· ½대
미나리 ··· 30g
맛국물 ··· 150㎖

Ⓐ
아까미소(붉은색 미소)* ··· 50g
설탕 ··· 1큰술

* 붉은색 미소가 없으면 갈색 미소를 사용해도 된다.

❶ 두부는 한입 크기로 자른다. 파는 3~4㎝ 길이로 비스듬하게 썰고, 미나리는 4㎝ 길이로 자른다. 굴은 염수(물 200㎖에 소금 1작은술)에 담가 씻고, 물로 다시 살살 씻은 뒤 물기를 뺀다.
❷ 내열 용기에 Ⓐ를 넣고 섞어 랩은 씌우지 않은 채로 전자레인지에서 약 15초 가열하고 잘 섞는다.
❸ 작은 질냄비의 가장자리에 ❷를 바르고(아래 왼쪽 사진), 안에 맛국물을 넣고 중불로 올린다. 두부, 파를 더하고 끓어오르면 굴을 넣는다(아래 오른쪽 사진). 굴이 익으면서 부풀어 오르면 미나리를 넣고 질냄비의 된장을 풀어가면서 먹는다.

된장은 따뜻한 상태에서 부드럽게
미소와 설탕은 전자레인지에서 가볍게 가열한 뒤 사용합니다. 설탕이 녹아야 부드러워져서 냄비 안에 바르기 쉬워집니다.

히로시마풍 전골의 즐거움
히로시마의 향토요리인 이 요리는 냄비 안쪽에 미소를 발라 굴이나 채소를 끓이면서 먹는 요리입니다. 된장을 조금씩 풀어가며 먹는 재미가 그만이지요.

생선조림의 비결

1인분을 만들기 쉬운 반찬 중 하나가 생선조림입니다. 생선 1조각을 냄비나 프라이팬에서 단시간에 조리할 수 있는 일본 가정식의 대표 메뉴이니, 익혀두면 아주 도움이 됩니다.

※ 92쪽의 '가자미조림'을 참조로 설명하였습니다.

❶ 소스의 양 조절하기

생선의 크기에 맞춘 냄비(또는 작은 프라이팬)에서 조립니다. 생선조림 소스의 양은 생선의 표면이 보이는 정도가 가장 적당합니다. 냄비가 넓어서 양이 모자랄 경우에는 물이나 청주를 조금 더해줍니다.

❷ 속 뚜껑 덮기

일본식 생선조림의 생선은 뒤집지 않고 조립니다. 생선 전체에 소스가 잘 배도록 속 뚜껑을 덮고 조립니다(28쪽 '속 뚜껑' 참조). 조리기 전에 생선 표면에 소스를 끼얹으면 뚜껑에 껍질이 달라붙지 않습니다. 냄비 뚜껑은 덮지 않고 비린내를 날려 보냅니다.

❸ 소스를 끼얹으며 조리기

생선이 어느 정도 조려지면 속 뚜껑을 열고 걸쭉해진 소스를 생선 위쪽에 끼얹습니다. 이때 불을 강하게 하여 수분을 날리고 소스의 양을 조절합니다.

채소 반찬과 상비 재료

혼밥 속 대활약!
냉장 보관한 채소

데친 채소

채소는 우리 몸에 꼭 필요하지만, 다듬고 데치는 등 손이 많이 가서 혼자서 간단히 식사할 때는 빠지기 쉽습니다. 하지만 휴일에 채소를 한꺼번에 데쳐 냉장해두면 문제가 해결됩니다. 푸른 채소 등은 2~3일까지 보관 가능합니다. 채소를 데친 다음 날은 데친 그대로, 이후부터는 볶음이나 국에 사용하면 좋습니다. 한 번 데쳐두면 며칠은 든든하게 채소를 먹을 수 있죠.

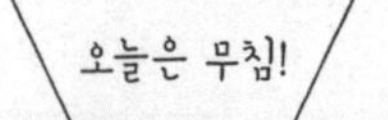

오늘은 무침!

내일은 된장국!

미리 준비해두는 채소

양배추를 요리에 사용한 뒤, 남은 것은 잘라서 보관해보세요. 다음 날 손이 갈 일이 없습니다. 요리하면서 바로 썰어두면 더욱 손쉽습니다.

향미 채소

'귀찮으니까 오늘 요리에는 향미 채소는 생략!'하면 뭔가 아쉬운 밥상이 되기 쉽습니다. 실파나 생강 등은 썰어서 냉장 보관하면, 3일 정도까지 보관할 수 있습니다. 미리 준비해두었다가 요리할 때 척척 사용해보세요. 냉동 보관하는 것도 좋습니다.

피망볶음

ピーマンのきんぴら

◌ 재료(1인분) 71kcal
◌ 염분 0.9g 🕓 5분

피망	2개(80g)
참기름	1작은술
참깨(볶은 것)	약간
Ⓐ 간장 양념	
간장	1작은술
맛술	1작은술

❶ 피망은 세로로 잘라 채썰기한다. Ⓐ는 잘 섞는다.

❷ 프라이팬에 참기름을 두르고 중불에서 피망을 1~2분간 볶는다. Ⓐ를 넣고 양념이 없어질 때까지 볶는다. 그릇에 담고 볶은 참깨를 손으로 짓이기며 뿌려준다.

구운 피망무침

ピーマンの焼きびたし

◌ 재료(1인분) 24kcal
◌ 염분 0.4g 🕓 8분

피망	2개(80g)
Ⓐ 무침 양념	
간장	1작은술
청주	1큰술
물	1큰술
가다랑어포	약간(1g)

❶ 내열 용기에 Ⓐ를 넣어 랩을 씌우지 않고 전자레인지에서 약 30초간 가열한다.

❷ 피망은 세로로 반 잘라서 씨를 제거한다. 오븐토스터에서 약 5분, 구운 색이 옅게 날 때까지 굽는다. Ⓐ에 담가서 바로 먹는다.

참깨 당근무침

にんじんのごまあえ

◌ 재료(1인분) 44kcal

◌ 염분 0.5g 🕓 5분

당근	작은 것 ½개(80g)
Ⓐ 참깨 양념	
참깨(간 것)	1작은술
설탕	¼작은술
간장	½작은술

❶ 당근은 2㎜ 두께의 반달썰기(큰 것은 은행잎썰기)를 한다. 내열 용기에 넣어 랩을 씌우고 전자레인지에서 약 2분간 가열한다.

❷ 그릇에 Ⓐ를 섞고 당근을 넣어 무친다.

겨자 당근무침

にんじんのからしあえ

◌ 재료(1인분) 34kcal

◌ 염분 0.7g 🕓 5분

당근	작은 것 ½개(80g)
Ⓐ 겨자식초	
겨자	½작은술
식초	1작은술
소금	1자밤

❶ 당근은 5㎝ 길이로 길게 골패썰기를 한다. 내열 용기에 넣어 랩을 씌우고 전자레인지에서 약 2분간 가열한다.

❷ 그릇에 Ⓐ를 섞고 당근을 넣어 무친다.

※ 2~3일 냉장 보관 가능

오이 매실무침

たたききゅうり

◌ 재료(1인분) 22kcal

◌ 염분 2.7g ◷ 5분

오이	1개
우메보시(매실절임)	1개(15g)
가다랑어포	약간(1g)

❶ 오이는 4등분해서 자르고, 다시 세로로 4~6등분으로 자른다. 나무 주걱이나 칼등으로 오이를 두들긴다. 매실절임은 씨를 빼고 과육을 칼로 다진다.

❷ 그릇에 오이를 넣고 매실절임, 가다랑어포를 더하여 고루 섞어가며 무친다.

오이무침

きゅうりの塩もみ

오이 1개로 훌륭한 반찬을

◌ 재료(1인분) 20kcal

◌ 염분 0.6g ◷ 8분

오이	1개
소금	¼ 작은술
볶은 참깨	½ 작은술

❶ 오이는 송송 얇게 썰어서 그릇에 넣고 소금을 뿌린 후, 약 5분 정도 절인다.

❷ 오이의 물기를 꼭 짜고, 그릇에 담는다. 참깨를 손으로 짓이기며 뿌려준다.

전자레인지 가지찜

なすのレンジ蒸し

○ 재료(1인분) 24kcal

○ 염분 0.6g ● 5분

가지 ········· 1개(80g)

Ⓐ 겨자간장

겨자 ········· ½ 작은술

간장 ········· 1 작은술

❶ 가지는 꼭지를 자르고, 세로로 반 자른다. 랩으로 싸서 전자레인지에서 약 2분간 가열한다.

❷ 랩에 싼 채로 흐르는 물에 식힌다. 열이 빠지면 랩을 떼어내고 가지를 그릇에 담는다. Ⓐ를 잘 섞어 가지 위에 뿌린다.

차조기 가지절임

なすのゆかりもみ

○ 재료(1인분) 22kcal

○ 염분 0.9g ● 5분(재우는 시간 제외)

가지 ········· 1개(80g)

양하 ········· 1개

유카리* ········· ¼ 작은술

* 매실절임에 들어간 차조기잎을 말려서 가루로 낸 것

❶ 가지와 양하는 세로로 반 자르고, 다시 비스듬하고 얇게 썬다.

❷ 비닐봉지에 가지, 양하를 넣고 유카리를 더하여 봉지째로 손으로 가볍게 주물러 섞어 맛이 배게 한다. 15분 정도 두었다가 먹는다.

팽이버섯조림

なめたけ

○ 재료(1인분) 36kcal

○ 염분 1.3g ◷ 10분

팽이버섯	½ 팩(50g)
생강	3g
청주	1큰술
홍고추(잘게 썬 것)	1cm
Ⓐ 간장 양념	
맛술	½ 큰술
간장	½ 큰술

❶ 팽이버섯은 뿌리를 제거하고, 길이를 반으로 잘라서 사용한다. 생강은 껍질째로 채썬다.

❷ 작은 냄비에 청주를 넣고 중불에서 끓기 시작하면 ❶과 Ⓐ, 홍고추를 넣는다. 섞어가며 3~4분 정도 조린다.

※ 2~3일 냉장 보관 가능

새콤달콤 버섯볶음

きのこの甘酢炒め

○ 재료(1인분) 90kcal

○ 염분 0.5g ◷ 10분

백만송이버섯	½ 팩(50g)
새송이버섯	½ 팩(50g)
마늘	작은 것 1조각(5g)
식용유	½ 큰술
Ⓐ 단 식초	
설탕	¼ 작은술
소금	약간
식초	½ 큰술

❶ 백만송이버섯은 뿌리를 제거하고 한 가닥씩 나눈다. 새송이버섯은 3cm 길이로, 마늘은 얇게 썬다.

❷ 프라이팬을 달궈 기름과 마늘을 넣은 후, 버섯을 넣고 중불에서 볶는다. 잘 섞은 Ⓐ를 넣어 버무린다.

※ 2~3일 냉장 보관 가능

유자 배추절임

ゆずはくさい

◌ 재료(1인분) 21kcal
◌ 염분 0.8g ◷ 10분

배추 ········ 1장(100g)
소금 ········ ¼ 작은술
유자 ········ ¼개
유자즙 ········ ½개 양
간장 ········ 약간

❶ 배추는 4㎝ 길이, 1㎝ 폭으로 자른다. 그릇에 넣어 소금을 넣고 가볍게 버무린다. 유자 껍질은 아주 얇게 벗겨 채썰고, 유자는 즙을 낸다.
❷ 배추의 물기를 가볍게 털고, 유자 껍질과 과즙, 간장을 섞어서 무친다.

※ 다음 날까지 냉장 보관 가능

생강 우엉볶음

しょうがきんぴら

◌ 재료(1인분) 133kcal
◌ 염분 1.3g ◷ 15분

생강 ········ 큰 것 1조각(20g)
우엉 ········ 30g
마늘 ········ 15g
참기름 ········ 1작은술
Ⓐ 간장 양념
간장·청주 ········ 각 ½큰술
설탕·맛술 ········ 각 1작은술
참깨(볶은 것) ········ 1큰술

❶ 생강, 우엉, 마늘은 2~3㎝ 길이로 채 썬다.
❷ 달군 프라이팬에 참기름을 넣고, ❶을 중불에서 1~2분간 볶는다. 잘 섞은 Ⓐ를 넣고 양념이 졸아들 때까지 볶는다. 마지막에 참깨를 뿌린다.

※ 3~4일 냉장 보관 가능

양배추절임

ちぎりキャベツ

쑥쑥 뜯어서 비닐봉지에 넣으면 끝

◌ 재료(1인분) 27kcal

◌ 염분 1.4g ◷ 10분

양배추	2장(100g)
생강	작은 것 1조각(5g)
염장 다시마	5g
소금	¼작은술

❶ 양배추는 손으로 먹기 좋은 크기로 찢어놓는다. 생강은 채 썬다.

❷ 비닐봉지에 모든 재료를 넣고 봉지째로 가볍게 흔들어 섞는다.

❸ 5분 정도 두면 숨이 살짝 죽고 맛이 고루 밴다.

양배추 초무침

キャベツの甘酢あえ

◌ 재료(1인분) 74kcal

◌ 염분 0.5g ◷ 8분

양배추	2장(100g)
원통형 어묵	작은 것 1개(25g)
참깨 가루	약간
Ⓐ 단 식초	
식초	1작은술
맛술	1작은술

❶ 양배추는 1㎝ 폭으로 썬다. 뜨거운 물에 살짝 데치고 물기를 뺀다. 원통형 어묵은 5㎜ 폭의 통썰기를 한다.

❷ ❶을 Ⓐ에 섞는다. 그릇에 담고 참깨 가루를 뿌린다.

가다랑어포 연근볶음

おかかれんこん

○ 재료(1인분) 134kcal

○ 염분 1.0g 5분

연근	100g
식용유	1작은술
츄노소스*	1큰술
가다랑어포	3g

* 우스터소스를 사용해도 좋다.

❶ 연근은 잘 씻어 껍질째로 2~3㎜ 두께로 통썰기를 한다.

❷ 프라이팬에 기름을 두르고 연근을 중불에서 약 3분간 볶는다. 연근에 투명한 색이 나면 소스를 넣어 섞어 주고 가다랑어포를 뿌린 다음, 불을 끈다.

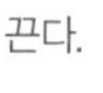

연근 초무침

レンジ酢れんこん

○ 재료(1인분) 118kcal

○ 염분 1.0g 10분

연근	100g
시치미토가라시	약간
Ⓐ 양념	
소금	⅙작은술
식초	1큰술
식용유	½큰술

❶ 연근은 껍질을 벗기고 3㎜ 두께로 은행잎썰기를 한다. 물에 헹구고 물기를 뺀다.

❷ 내열 용기에 연근을 넣고 Ⓐ를 섞어 뿌린다. 랩을 씌워서 전자레인지에서 약 2분간 가열한 후 식힌다. 그릇에 담고 시치미를 뿌린다.

※ 다음 날까지 냉장 보관 가능

감자조림

じゃがいもの煮ころがし

◌ 재료(1인분) 162kcal
◌ 염분 1.4g ◷ 20분

감자 ············ 큰 것 1개(200g)
Ⓐ 조림 양념
맛국물 ············ 100㎖
맛술 ············ ½큰술
간장 ············ ½큰술

❶ 감자는 껍질을 벗기고 한입 크기로 썬다. 물에 헹구고 물기를 뺀다.
❷ 냄비에 Ⓐ와 감자를 넣고 불을 올린다. 뚜껑을 덮고, 끓기 시작하면 약한 중불에서 6~7분 정도 조린다. 감자가 익으면 냄비를 가볍게 흔들며 양념이 거의 없어질 때까지 조린다.

감자 대구알볶음

じゃがいものたらこ炒め

◌ 재료(1인분) 206kcal
◌ 염분 1.4g ◷ 8분

감자 ············ 1개(150g)
대구알* ············ ½개(30g)
청주 ············ 1작은술
참기름 ············ ½큰술

* 명란젓을 사용해도 좋다.

❶ 감자는 껍질을 벗겨 채 썬다. 물에 헹구고 물기를 빼준다. 대구알은 껍질을 벗기고 알만 발라낸다.
❷ 프라이팬에 참기름을 두르고 중불에서 감자를 볶는다. 투명한 색이 나면 대구알, 청주를 넣고 재빠르게 볶아낸다.

시금치무침

ほうれんそうのおひたし

◌ 재료(1인분) 10kcal

◌ 염분 0.7g ◷ 5분

시금치* ········· ¼ 단(50g)

Ⓐ 무침 양념

간장 ········· ¼ 작은술

소금 ········· 약간

* 다른 푸른 잎채소를 사용해도 좋다.

❶ 시금치는 끓는 물에 살짝 데치고, 물기를 짠다.

❷ 시금치를 3㎝ 길이로 자른다. 그릇에 담고 Ⓐ를 뿌려 맛이 배게 한다.

소송채 김무침

小松菜ののりあえ

◌ 재료(1인분) 13kcal

◌ 염분 0.9g ◷ 5분

소송채* ········· ¼ 단(50g)

김(구워서 잘게 찢은 것) ········· ¼ 장

Ⓐ 무침 양념

간장 ········· 1작은술

식초 ········· ½ 작은술

*다른 푸른 잎채소를 사용해도 좋다.

❶ 소송채는 3~4㎝ 길이로 잘라서 색이 선명하게 나게 끓는 물에 데친다. 찬물에 헹구고, 바로 물기를 뺀다.

❷ 그릇에 넣고 Ⓐ, 김을 순서대로 넣고 무친다.

달콤 단호박조림

かぼとゃの甘煮

◌ 재료(1인분) 200kcal
◌ 염분 0.5g ◷ 15분

단호박	200g
〈조림 양념〉	
맛국물(또는 물)	100㎖
설탕	1큰술
간장	½ 작은술

❶ 단호박은 3㎝ 크기로 자른다.
❷ 냄비에 맛국물, 설탕을 넣고 단호박 껍질을 밑으로 해서 넣는다. 불을 올리고 끓어오르면 뚜껑을 덮고 약불로 조절한다.
❸ 5분 정도 끓으면 간장을 넣고, 다시 5분 정도 양념이 없어실 때까지 조린다.

파래김 단호박튀김

かぼちゃの青のり揚げ

◌ 재료(1인분) 278kcal
◌ 염분 1.1g ◷ 10분

단호박	100g
튀김 기름	적당량
소금	약간
Ⓐ 튀김옷	
물	2큰술
밀가루	2큰술
파래김	1작은술

❶ 단호박은 5㎜ 두께의 한입 크기로 썬다. Ⓐ는 순서대로 섞는다.
❷ 깊은 프라이팬에 기름을 1㎝ 정도 넣고 중불로 올린다. 온도가 올라가면 단호박을 Ⓐ에 담갔다가 꺼내 튀긴다. 양면이 노릇해질 때까지 4분 정도 튀긴다. 그릇에 담고 소금을 뿌린다.

차조기 순무절임

かぶのゆかり漬け

◌ 재료(1인분) 21kcal
◌ 염분 0.2g ◔ 5분(담그는 시간 제외)

순무	1개(100g)
유카리(차조기잎 가루)	¼작은술
식초	½큰술

❶ 순무는 껍질을 벗겨 3~4㎜ 두께로 반달썰기를 한다.
❷ 순무와 유카리, 식초를 섞어서 맛이 배게 한다. 30분 정도 두었다가 먹는다.

※ 1~2일 냉장 보관 가능

순무잎볶음

かぶの葉の煮びたし

데칠 필요 없이 바로 사용

◌ 재료(1인분) 119kcal
◌ 염분 0.9g ◔ 8분

순무잎	2대(80g)
유부	½장
식용유	1작은술
Ⓐ 볶음 양념	
맛국물	50㎖
간장·맛술	각 1작은술

❶ 순무잎은 4㎝ 길이로 자른다. 유부는 세로로 2등분하여 1㎝ 폭으로 썬다.
❷ 냄비에 기름을 두르고 순무잎과 유부를 중불에서 볶는다. Ⓐ를 넣고 뚜껑은 덮지 않은 채 중불에서 2~3분간 조린다.

표고버섯구이

焼きしいたけ

◌ 재료(1인분) 11kcal
◌ 염분 0.5g ◷ 8분

표고버섯 ········· 3개(60g)
굵은소금(또는 일반 소금) ········· 약간
영귤 ········· ¼개

❶ 표고버섯은 꼭지를 제거한다. 알루미늄 포일에 버섯의 안쪽을 위로 향하게 놓고 오븐토스터에서 약 5분간 굽는다.
❷ 굵은 소금을 뿌리고, 영귤을 짜서 뿌린다.

가다랑어포 죽순조림

たけのこのかか煮

◌ 재료(1인분) 64kcal
◌ 염분 1.3g ◷ 15분

죽순(데친 것) ········· 80g
Ⓐ 조림 양념
물 ········· 100㎖
가다랑어포 ········· 5g
맛술 ········· ½큰술
간장 ········· ½큰술

❶ 죽순은 3~4㎝ 길이로 얇게 썬다.
❷ 작은 냄비에 Ⓐ와 죽순을 넣고 불을 올린다. 끓기 시작하면 뚜껑을 살짝 걸쳐놓고 약한 중불에 10분 정도, 양념이 거의 없어질 때까지 조린다.

※ 3~4일 냉장 보관 가능

톳조림

ひじきの煮もの

불릴 필요 없어
간단한 톳요리

◌ 재료(3인분) 1인분에 42kcal ◌ 염분 1.4g ◷ 20분

톳(말린 것)	20g
당근	30g
어린 껍질콩	30g
원통형 어묵	작은 것 1개(25g)
맛국물	200㎖

Ⓐ 조림 양념

간장	1큰술
맛술	1큰술

※ 3~4일 냉장 보관 가능

❶ 톳은 씻어서 체에 밭쳐 물기를 뺀다. 냄비(직경 18㎝)에 맛국물과 톳을 넣고(아래 왼쪽 사진), 중불로 가열한다. 끓어오르면 뚜껑을 덮고 약한 중불에서 5분 정도 끓인다.

❷ 당근은 3㎝ 길이로 채 썰고, 껍질콩은 3㎝ 길이로 비스듬하게 썬다. 어묵은 반으로 잘라 얇게 썬다.

❸ ❶에 ❷와 Ⓐ를 더한다. 뚜껑을 덮고 다시 6분 정도 조린다. 양념이 많으면 불을 강하게 조절하고, 재료와 양념이 잘 감기도록 저어가며 조린다.

소량의 말린 톳은 조림 양념을 넣고 조리하는 과정에서 충분히 불릴 수 있습니다.

미리 준비한 밑반찬 하나면 마음이 든든해집니다.

무말랭이조림

切り干しだいこんの煮もの

한꺼번에 만들면 편리해요

◌ 재료(2인분) 1인분에 110kcal ◌ 염분 1.4g ◷ 20분(불리는 시간은 제외)

무말랭이	30g
표고버섯	2개
유부	½장
식용유	1작은술
물	300㎖

Ⓐ 조림 양념

무말랭이 불린 물	200㎖
설탕	1큰술
청주	1큰술
간장	1큰술

❶ 무말랭이는 살짝 씻어서 물 300㎖에 10~15분 정도 불린다(아래 사진). 물기를 짜고, 먹기 좋은 길이로 자른다.

❷ 표고버섯은 꼭지를 따고 얇게 썬다. 유부는 세로로 반을 잘라 채 썬다.

❸ 냄비(직경 18㎝)를 달구고 기름을 두른 뒤, ❶과 ❷를 넣어 강한 중불에서 볶는다. 기름기가 돌면 Ⓐ를 넣고 뚜껑을 덮은 다음, 약한 중불에서 약 15분 정도를 양념이 거의 없어질 때까지 조린다.

※ 3~4일 냉장 보관 가능

그냥 버리기 쉬운 무말랭이를 불린 물은 맛국물로 사용할 수 있습니다. 버리지 말고 조림 양념을 만드는 데 사용해보세요.

콩조림

五目豆

몸에 좋은 대두를
밑반찬으로

◌ 재료(2인분) 1인분에 111kcal ◌ 염분 1.3g ◔ 30분(불리는 시간은 제외)

대두(삶은 것)* ········ 100g
당근 ········ 30g
우엉 ········ 30g
곤약** ········ 30g

Ⓐ 맛국물
물 ········ 100㎖
다시마 ········ 5㎝(5g)

Ⓑ 조림 양념
설탕 ········ 2작은술
간장 ········ 2작은술
맛술 ········ 1작은술

* 대두를 하룻밤 불려 40분 정도 삶은 뒤, 체에 걸러 물기를 뺀다.
**곤약은 잡내 제거를 위해 식초를 몇 방울 떨어뜨린 물에 데쳐, 물기를 빼고 사용한다.

❶ 냄비(직경 18㎝)에 Ⓐ를 넣고 15분 정도 둔다. 다시마가 부드러워지면 가위로 1㎝ 크기로 잘라서 냄비에 다시 넣는다.
❷ 당근, 우엉, 곤약은 1㎝ 크기로 깍둑썰기를 한다.
❸ ❶에 ❷, 삶은 대두, Ⓑ를 넣고 중불에서 끓인다. 끓어오르면 속 뚜껑과 냄비 뚜껑을 덮고 약불에서 약 20분, 국물이 거의 없어질 때까지 조린다.

※ 4~5일간 냉장 보관 가능

다시마조림

こんぶのつくだ煮

고급 반찬으로
재탄생한 다시마

◌ 재료(4인분) 1인분에 27kcal ◌ 염분 1.6g ◔ 20분

다시마(맛국물을 우려낸 것) ········ 100g
생강 ································ 1조각(10g)

Ⓐ 조림 양념 1
물 ···································· 300㎖
식초 ································· 1작은술
Ⓑ 조림 양념 2
설탕 ································· ½ 작은술
맛술 ································· 1큰술
간장 ································· 1과 ½ 큰술

❶ 다시마는 3㎝ 정사각형 모양으로 자른다. 생강은 얇게 썬다.
❷ 냄비(직경 18㎝)에 Ⓐ와 다시마, 생강을 넣고 가열한다. 끓어오르면 뚜껑을 덮고 중불에서 약 5분간 조린다.
❸ Ⓑ를 넣은 다음, 뚜껑은 덮지 않고 수분을 날려가며 약 10분 정도, 국물이 거의 없어질 때까지 조린다.

※ 3~4일 냉장 보관 가능

맛국물을 내고 남은 다시마(5쪽 레시피 참조)는 냉동하여 두면 조림 등에 알뜰히 사용할 수 있습니다. 랩에 싸서 보존용 팩에 넣어 1개월 정도 냉동 보관 가능합니다. 요리하기 전에는 미리 냉장실로 옮겨 해동합니다.

생강 소고기조림

牛肉のしぐれ煮

단백질 가득한 밑반찬

재료(3인분) 1인분에 181kcal　염분 0.9g　8분

소고기(얇게 자른 것) ······ 150g
생강 ······ 1조각(10g)

Ⓐ 조림 양념
맛술 ······ 1과 ½큰술
간장 ······ 1큰술
청주 ······ 1큰술

❶ 생강은 채를 썰고, 소고기는 2㎝ 길이로 자른다.

❷ 냄비(직경 18㎝)에 Ⓐ, 생강과 소고기를 넣고 중불로 가열한다. 소고기는 뭉치지 않게 골고루 섞어가면서 양념이 없어질 때까지 조린다.

※ 3~4일 냉장 보관 가능

채소 색인

ㄱ

• 가지
전자레인지 가지찜 ······ 127
차조기 가지절임 ······ 127
• 감자
소고기 감자조림 ······ 48
감자조림 ······ 132
감자 대구알볶음 ······ 132
• 경수채
돼지고기 두유전골 ······ 30
쫀득한 닭고기조림 ······ 42

ㄷ

• 단호박
고기 단호박조림 ······ 28
촉촉한 구운 닭고기 ······ 46
연어 미소구이 ······ 86
파래김 단호박튀김 ······ 134
달콤 단호박조림 ······ 134
• 당근
샤브샤브 ······ 16
돼지고기 미소국 ······ 34
쫀득한 닭고기조림 ······ 42
유부주머니조림 ······ 58
영양밥 ······ 78
전자레인지 흰살생선찜 ······ 96
방어 데리야키 ······ 100
겨자 당근무침 ······ 125
참깨 당근무침 ······ 125
생강 우엉볶음 ······ 129
톳조림 ······ 137
콩조림 ······ 139

ㄹ

• 레몬
참깨 닭 가슴살구이 ······ 44
고등어 레몬구이 ······ 102

ㅁ

• 마
치킨 데리야끼 ······ 38
참치 마덮밥 ······ 65
• 마늘
일본식 스테이크 ······ 50
새콤달콤 버섯볶음 ······ 128
• 무
돼지고기 무볶음 ······ 24
돼지고기 미소국 ······ 34
무 소바 ······ 72
방어 무조림 ······ 98
방어 데리야끼 ······ 100
• 무순
돈가스 ······ 32
토핑 듬뿍 소면 ······ 76
• 미나리
히로시마풍 굴전골 ······ 118

ㅂ

• 배추
대구 맑은탕 ······ 116
유자 배추절임 ······ 129
• 버섯
팽이버섯-돼지고기 두유전골 30
표고버섯-쫀득한 닭고기조림 42
백만송이버섯-연어술찜 ······ 88
느타리버섯-연어 간장구이 ······ 90
새송이버섯, 백만송이버섯-새콤달콤 버섯볶음 ······ 128
팽이버섯-팽이버섯조림 ······ 128
표고버섯-표고버섯구이 ······ 136
표고버섯-무말랭이조림 ······ 138

ㅅ

• 생강
튀긴 두부와 돼지고기 앙가케 ······ 18
돼지고기 맑은 전골 ······ 20
돼지고기 생강구이 ······
고기 두부조림 ······
유부주머니조림 ······
토핑 듬뿍 소면 ······
꽁치 오이무침 ······
• 소송채
소송채 김무침 ······
• 숙주
튀긴 두부와 돼지고기 앙가케 ······
• 순무
고등어 레몬구이 ······
차조기 순무절임 ······
순무잎볶음 ······
• 쑥갓
토마토 소고기 전골 ······
• 시금치
돼지고기 맑은 전골 ······
시금치무침 ······

ㅇ

• 아스파라거스
일본식 스테이크 ······
• 양배추
샤브샤브 ······
돼지고기 생강구이 ······
참깨 닭 가슴살구이 ······
연어 미소구이 ······
양배추 초무침 ······
양배추절임 ······
• 양상추
유자 닭튀김 ······
• 양파
고기 단호박조림 ······
소고기 감자조림 ······
토마토 소고기전골 ······
닭고기 달걀덮밥 ······
돼지고기 양하덮밥 ······
연어술찜 ······

:의 사용 방법을 찾아보거나 식단 만들기에 참고로 사용해주세요.
:색은 메인 요리, **빨간색**은 밥 또는 면, 녹색은 반찬입니다.
· 고기와 생선에 대해서는 '10~11쪽 목차'를 참고하세요.

하
양념구이 비빔밥 ······ 69
고기 양하덮밥 ······ 70
:기 가지절임 ······ 127
린 껍질콩
:림 ······ 137
주
나와식 여주볶음 ······ 26
근
데리야끼 ······ 84
:랑어포 연근볶음 ······ 131
초무침 ······ 131
이
오이무침 ······ 82
매실무침 ······ 126
무침 ······ 126
크라
:한 구운 닭고기 ······ 46
엉
고기 미소국 ······ 34
닭튀김 ······ 40
가와풍 소고기 우엉조림 ······ 52
:밥 ······ 78
우엉조림 ······ 129
:림 ······ 139
자
:기 토란조림 ······ 36
소바 ······ 72
배추절임 ······ 129
채
:리 양념구이 ······ 108
순
게살 앙가케 ······ 112
:랑어포 죽순조림 ······ 136

ㅊ
•차조기잎
어묵 매실 차조기말이 ······ 62
가다랑어회 절임덮밥 ······ 66

ㅋ
•콩
알싸한 콩볶음 ······ 62
유부구이 ······ 62
두부 꼬치구이 ······ 82
와사비 냉두부 ······ 82
콩조림 ······ 139

ㅌ
•토란
닭고기 토란조림 ······ 36
•토마토
토마토 소고기전골 ······ 54
토핑 듬뿍 소면 ······ 76

ㅍ
•파
돼지고기 미소국 ······ 34
쫀득한 닭고기 조림 ······ 42
고기 두부조림 ······ 56
유부주머니조림 ······ 58
장어 양념구이 비빔밥 ······ 69
무 소바 ······ 72
고기우동 ······ 73
카레유부우동 ······ 74
매실 소면 ······ 77
두부 꼬치구이 ······ 82
연어 간장구이 ······ 90
가자미조림 ······ 92
전자레인지 흰살생선찜 ······ 96
고등어 미소조림 ······ 104
전갱이 난반스절임 ······ 106

참깨 토핑 도미회 ······ 110
대구 맑은탕 ······ 116
히로시마풍 굴전골 ······ 118
•파드득나물
두부 잔멸치덮밥 ······ 64
달걀죽 ······ 81
참깨 토핑 도미회 ······ 110
황새치 앙가케 ······ 114
•피망
돼지고기 미소구이 ······ 14
구운 피망무침 ······ 124
피망볶음 ······ 124

〈절임, 건조식품〉
어묵 매실 차조기말이 ······ 62
매실 소면 ······ 77
장아찌 볶음밥 ······ 80
꽁치 매실조림 ······ 94
오이 매실무침 ······ 126
무말랭이조림 ······ 138

베터홈 협회 지음

베터홈 협회는 1963년에 창립되어 '풍요로운 마음의 질 높은 라이프'를 지향하며, 일본 가정 요리를 비롯하여 생활의 지혜를 전하고 있다. 활동의 중심인 '베터홈 요리 교실'은 일본 18개 지역에서 수업을 진행하고 있다. 매일 하는 식사 준비에 도움이 되는 조리 방법과 건강하고 유쾌하게 생활하기 위한 지혜 등을 알기 쉽게 전달하고 있다.

홈페이지: http://www.betterhome.jp

이진숙 번역 및 감수

대학 1학년 겨울 방학, 처음 갔던 도쿄에서 사 먹은 빵을 잊을 수 없어 그곳에서 빵을 배워야겠다고 다짐했다. 대학 졸업 후, 결국 동경제과학교에서 빵을 배웠다. 빵을 시작으로 음식과 술의 매칭으로 연구는 이어졌고, 일본 서적 저작권 에이전시를 운영하며 요리 일을 병행해 나갔다. 현재 소규모 케이터링 및 개인 주문을 받고 있다(주 1회 스콘과 파운드케이크). 엮은 책으로는 유학 시절부터 이어져 온 도쿄 사랑을 바탕으로 20년이 넘은 단골 가게와 노포들을 모아 담은 《도쿄의 오래된 상점을 여행하다》가 있다.

이메일: jiyon1011@hanmail.net 인스타그램: jinsook_yi

오늘의
일인분 일식

1판 2쇄 펴냄 2021년 4월 6일

지은이 베터홈 협회
번역/감수 이진숙
펴낸이 하진석
펴낸곳 참돌
주 소 서울시 마포구 독막로3길 51
전 화 02-518-3919
팩 스 0505-318-3919
이메일 book@charmdol.com
신고번호 제2011-000228호
신고일자 2011년 8월 11일

ISBN 979-11-88601-23-3 13590